HITOS del MOTOCICLISMO

concentraciones, rutas, circuitos, pilotos, libros, películas o motos que se han convertido en un hito del motociclismo

Gustavo Cuervo

ANAYA TOURING

Colaboradores: Jaime Alguersuari, Marcel Barrilero, Juan Pedro de la Torre, Víctor Gancedo, Chelo Cañizares, Mariano Parellada, Museo Made in Spain, Alcalá de Henares, Museu Moto de Bassella, Pepe Burgaleta, Jaime Olivares, Javier Berna, Isaac Feliu, Santiago García, Paloma Lence, Jordi Esteve, Emilio Zamora, Gon Castro, Juan José Blanco y José Javier Morla.

1ª edición: octubre, 2025

Depósito legal: M-16.765-2025
ISBN: 978-84-9158-983-9
Impreso en España-Printed in Spain

PAPEL DE FIBRA
CERTIFICADO

INTRODUCCIÓN

POR GUSTAVO CUERVO

Son muchos y muy variados los acontecimientos, los lugares, las motos y los personajes que han hecho del mundo del motociclismo una imagen universal de la pasión y del amor por el deporte y la aventura. De entre los casi 130 años de historia de la moto, no ha sido sencillo elegir solamente ochenta referencias fundamentales. Por eso, en este libro hemos agrupado en ocho temas diferentes las principales actividades, sucesos históricos, personajes, rincones geográficos y motocicletas que han sobresalido en cada una de sus áreas y de sus épocas, y que, por tanto, se han convertido en iconos que todo aficionado reconoce y admira. Ya sabemos que faltan muchos y que algunos serán más favoritos para unos que para otros, pero nadie podrá decir que todos y cada uno de los seleccionados no se encuentra aquí por méritos propios y por haber sido y ser una referencia fundamental en la historia del motociclismo.

La selección incluida en cada capítulo ha sido directamente escogida por el autor tras consultar a las personas más especializadas y expertas de cada tema que hay en España, de cuyo nombre se ha dejado constancia en los agradecimientos. Naturalmente, todas ellas coincidieron en que realmente sería necesario un libro o toda una colección de libros para desarrollar cada uno de los capítulos como se merece, pero, aun así, a todos les satisfizo la elección final que publicamos en las siguientes páginas.

A la hora de cerrar el contenido de cada apartado, primaron el carácter popular y el reconocimiento del público general, incluso mas allá de los resultados en números, y del criterio de los especialistas. A partir de ello se seleccionaron los exponentes más representativos de cada uno de los segmentos. Este criterio, por tanto, también será del agrado de quienes, sin ser practicantes activos ni apasionados motociclistas, gusten de conocer las leyendas y los iconos del mundo de la moto, una de las actividades más apasionadas de la sociedad humana que tiene un carácter absolutamente universal. Una afición que es practicada en todos los continentes y que, con sus diferentes estilos, se ha convertido en un deporte apreciado y admirado en todo el globo.

Sin duda, habrá grandes aficionados o profesionales que habrán vivido en primera persona gran parte de las referencias incluidas en este libro, pero difícilmente habrá alguien que pueda decir que hizo, recorrió, conoció o probó todo lo que aquí se menciona. Y mucho menos cuando algunos de los pilotos más destacados de la historia ya hace tiempo que nos dejaron. Ya sea para ir "tachando" o simplemente para soñar, este libro invita a disfrutar de las múltiples caras, las leyendas y los iconos del mundo del motociclismo.

EL MUNDO EN TU MANOS

Queridos lectores: mi amigo Gustavo Cuervo, digno representante de lo que he dado en llamar "Los últimos de Filipinas, los guardianes de la memoria", ha reunido en este libro, mediante ocho temas generales, la pasión, la épica, el orgullo y la ilusión de todos los que amamos la moto.

Experiencia y criterio le sobran a Gustavo para elegir solo unos pocos representantes de cada sección. Claro que para mí también faltan muchos, tantos como para escribir muchos libros de cada uno de los temas, pero nadie podrá decir que los elegidos no tienen el más que sobrado mérito para aparecer en estas páginas.

Aquí encontrarás a los pilotos legendarios, aquellos veloces centauros del siglo pasado y los del primer cuarto del siglo XXI. Todos se jugaron y juegan la vida; unos a 100 km/h entre bordillos y farolas, otros a casi 400 en circuitos permanentes. Sobre las arenas de los desiertos de todo el mundo y sobre obstáculos tan imposibles de recorrer que ni aun escalando podrían ser superados por la inmensa mayoría de los humanos. A todos les ha movido siempre el mismo espíritu: batir lo imposible, superarse, competir sobre una moto para demostrarles a todos, y a sí mismos, que fueron y son los más rápidos, los más hábiles, los más carismáticos. Algunos no son necesariamente los que más títulos tienen, pero todos gozan del reconocimiento popular y la admiración profunda de los aficionados más expertos.

Qué decir del capítulo de las motos icónicas. Todas y cada una de las que aquí aparecen son obras de arte: técnicamente, mecánicamente, pero sobre todo ingenio para convertir trozos de metal en obras vivas, pues vida propia tienen y además son imperecederas, inmortales. Admirables por su diseño y adoradas por sus formas. Todas marcaron el camino a miles de modelos y millones de motocicletas que han movilizado a la humanidad. Metales que giran a velocidades vertiginosas, se desplazan en todas las direcciones posibles y componen en conjunto una sinfonía de movimientos únicos que llevan a sus pilotos a danzar por todo el planeta. Las motocicletas que aquí se muestran como ejemplo son, con otras muchas obras maestras dignas de ser mostradas en público, en museos excepcionales donde los ingenieros de todas las épocas alucinan ante sus atrevidas soluciones mientras aficionados y neófitos se enamoran de sus seductoras formas.

En este libro encontrarás muchas más cosas: las principales concentraciones y eventos donde profesionales y aficionados comparten vida, ilusiones y amistad; las rutas mundiales más deseadas, los circuitos míticos, las películas y libros que hicieron soñar al mundo entero.

Mi buen amigo Gustavo ha sabido seleccionar y dejar para todos los lectores lo que significa nuestra pasión, nuestra forma de entender la vida. Siempre en movimiento, siempre en equilibrio, con el viento en la cara y sin más protección ante la muerte que nuestra habilidad e ingenio, nuestras ganas de vivir la vida con plena intensidad.

Que lo disfrutes.

Jaime Alguersuari Tortajada

Jaime Alguersuari Tortajada (Barcelona, 2 abril 1950) es un ejemplo y referente de la pasión por el deporte, la comunicación y la industria de la motocicleta en España. Es un digno representante de la épica del motociclismo español de los últimos cincuenta años; custodio leal y guardián de medio siglo de historia de la moto en España.

Empezó de adolescente a publicar fotografías y crónicas en diferentes medios, al tiempo que ejercía como piloto, llegando a ser campeón de Europa de Resistencia con una Montesa de 250 cc. Situado entre la élite de la velocidad, venció en una carrera al mismísimo Ángel Nieto. Participó activamente en la época más gloriosa de la industria, donde marcas como Bultaco, Montesa, Ossa, Sanglas y Derbi hicieron brillar la técnica española en todo el mundo.

Jaime fue promotor de una saga de pilotos épicos como Aspar, Sito Pons, Juan Garriga, Álex Crivillé... a los que sucederían Álvaro Bautista, Carlos Checa, Dani Pedrosa, Jorge Lorenzo, Toni Bou, Marc Márquez... y que continúa con los pilotos actuales y futuros como Pedro Acosta.

Como promotor y creador de eventos deportivos, creó las especialidades del Trial Indoor, el Critérium Solo Moto, el Superprestigio Internacional, el Open Ducados y trajo el Mundial de Superbikes y el Rally Dakar a España.

Es autor de tres libros: *El apasionante campeonato de motociclismo* (Plaza & Janés), *Tu hijo puede ser un crack* (Planeta) y *Pedro Acosta, el campeón mundial de 17 años.*

Ha sido reconocido con la Medalla de Oro de la FIM (Federación Internacional de Motociclismo), Premio Leyenda de Oro de la concentración Internacional La Leyenda Continúa en 2022, el título de piloto legendario del Circuit de Cheste en 2023 y el Premio de Honor en los Premios Mototurismo 2024.

ÍNDICE DE CONTENIDO

Hablamos de concentración, *rally* turístico, reunión libre... Lo cierto es que las citas motociclistas, cuyo principal objetivo son las reuniones de motoristas, se clasifican en diferentes categorías. Tenemos desde las más básicas, como las denominadas reuniones libres o encuentros, para las que apenas se programa nada, hasta eventos multitudinarios, en los que la moto no es más que el nexo de un sinfín de actividades de lo más variopintas. A continuación mencionaremos diez de las citas más afamadas y con más solera en el calendario anual del mundo occidental y, en especial, de la península ibérica. Unas están oficialmente homologadas por la Federación Internacional de Motociclismo (FIM), mientras que otras reuniones se celebran por libre sin ningún respaldo de las federaciones, pero, aun así, poseen un gran atractivo y gozan de una larga historia entre el colectivo motociclista. En Asia el concepto de «reunión motociclista» tiene otras características y, en ocasiones, allí hablamos de una participación mucho más elevada, fundamentalmente de pequeñas motos de transporte personal.

CONCENTRACIONES

Legendary
NORTHERN HILLS
COMMUNITY
PRIDE
Sturgis

THE STURGIS MOTORCYCLE RALLY

STURGIS (DAKOTA DEL SUR, EE. UU.)

https://www.sturgismotorcyclerally.com/

La de Sturgis es la primera concentración anual de motos más grande del mundo en cuanto a número de participantes. La esencia del motociclismo norteamericano, con la marca de motocicletas Harley Davidson como referente, reúne a más de medio millón de motoristas cada año. De hecho, en 2015 se batió un récord al congregarse allí 739 000 participantes.

Comienza el primer viernes de agosto con la ceremonia de inauguración y el paseo de los bares, y finaliza el segundo fin de semana. Durante diez días hay múltiples actividades y conciertos entre los que elegir, pero nunca puede faltar el paseo por Main Street para admirar las llamativas y personalizadas motos norteamericanas, en su mayoría Chopper y Custom. Otro de

FECHA TRADICIONAL: Primera quincena de agosto

DURACIÓN: Diez días

PRIMERA REUNIÓN: 1938

ASISTENTES: Más de 500 000

ACTIVIDADES: Rutas y paseos, conciertos, concursos variados los planes imprescindibles es la ruta por Black Hills. Merece la pena inscribirse para una ruta organizada, la del Alcalde, que tiene un precio de 150 dólares estadounidenses, y la cual se realiza en compañía del gran mariscal del *rally* e incluye una parada en el monumento Monte Rushmore (donde se saca una foto de grupo) y termina en Custer State Park con un almuerzo y un paquete de recuerdo que contiene una botella de Jack Daniel's Single-Barrel firmada por el alcalde, una moneda del desafío de cada edición, una camiseta conmemorativa y una entrada para el parque estatal Custer, el más grande de Dakota del Sur y famoso por sus manadas de bisontes, antílopes, ciervos, venados, etc. Existe también la opción de hacer otras rutas cuyo precio y recorrido varían, como la ruta Medicinal, la de las Chicas, la del Jefe de Policía y la de los Veteranos de Guerra. Al margen de ser espectaculares, todas tienen un carácter solidario, pues el dinero que se recauda con la inscripción se destina a fines benéficos.

La ruta por libre mejor valorada es la Peter Norbeck Scenic Byway. A lo largo de 70 millas, se pasa por el túnel Ojo de Aguja de la autopista Needles, y se pueden admirar también las agujas de la Catedral características de la zona. A nadie deja indiferente la parada en el Harney Peak, que es el punto más alto de la zona y desde donde se puede disfrutar de vistas panorámicas de 360º. Y, por supuesto, no puede faltar la foto en el colosal monte Rushmore, con las monumentales cabezas de los presidentes estadounidenses George Washington, Thomas Jefferson, Theodore Roosevelt y Abraham Lincoln. Entre los muchos concursos propuestos, cabe destacar el de barbas y bigotes, el de tatuajes y las partidas de póker. En los últimos años se ha puesto de moda casarse durante el evento, y han llegado a celebrarse hasta 200 bodas.

Pese a la masificación propia de este evento, trata de garantizarse un cierto orden, para lo que se vela por el cumplimiento de las estrictas normas legales del estado de Dakota del Sur. Tanto es así que todos los años se imponen algunas sanciones curiosas. Por ejemplo, cada motocicleta debe estar equipada con al menos uno, pero nunca más de dos faros. Asimismo, el manillar de la moto no debe ser más alto que la altura de los hombros de la persona que conduce la motocicleta. De igual modo, los menores de 18 años deben usar siempre un casco de seguridad homologado en Dakota del Sur, mientras que para los mayores de edad el casco no es obligatorio. Lo que sí es obligatorio es el uso de gafas salvo que la moto cuente con una pantalla lo suficientemente alta como para proteger al conductor. Al anochecer, no se permiten gafas polarizadas ni tintadas que reduzcan más del 35 % de la luz, y existe la obligación de llevar silenciador de escape.

Durante los días que dura el evento, en la página web oficial de Sturgis puede verse el ambientazo que se respira en las calles principales, ya que el ayuntamiento llena la ciudad de cámaras para capturar toda la esencia de la esperadísima concentración.

ELEFANTENTREFFEN

LOH/THURMANSBANG-SOLA
(ALEMANIA/REPÚBLICA CHECA)

https://bvdm.de/aktivitaeten-und-fahrspass/elefantentreffen/

He aquí uno de los mayores retos para los motoristas europeos más duros debido a la climatología adversa, pues en toda Europa central son frecuentes las nevadas durante todo el mes de febrero.

La primera reunión tuvo lugar en Solituderenner (Stuttgart, Alemania) y fue convocada por el periodista Ernest Leverkus. Por aquel entonces solo se admitían motocicletas Zundapp modelo KS 601, conocidas como «elefantes verdes» por su tamaño y color. Según la leyenda, fueron principalmente excombatientes de la Segunda Guerra Mundial quienes durante el conflicto bélico utilizaron la Zundapp K 600 (versión militar anterior) para transportar a los asistentes a las reuniones. A lo largo de la historia el emplazamiento fue cambiando de lugar y fue pasando por los circuitos de Nurburgring (Alemania) y Salzburring (Austria) hasta 1989. Ya desde 1990 se celebra en Loh.

FECHA TRADICIONAL: Primer fin de semana de febrero

DURACIÓN: Tres días

PRIMERA REUNIÓN: 1956

ASISTENTES: Entre 5000 y 10 000, dependiendo de la climatología

ACTIVIDADES: Acampada, hogueras, desfile de antorchas

La de los Elefantes es la reunión más purista de entre las grandes citas internacionales. La entrada al recinto de acampada cuesta 25 euros y solo da derecho a acampar, allí no hay actividades programadas salvo el desfile de las antorchas nocturno, en el que se recuerda a los compañeros fallecidos durante el año, cuyo nombre se menciona por la megafonía. La medalla conmemorativa, la antorcha, la leña y cualquier otro artículo o servicio son de pago.

Las hogueras son el punto de encuentro y conversación de los participantes que acuden desde toda Europa, pues resulta un auténtico reto llegar y volver de esta cita en pleno invierno. Lo que no cambia en esta clásica concentración es el tipo de motorista, ya que son muchos los veteranos que año tras año acuden vistiendo ropa interior de felpa, jerséis de lana y chaquetas de cuero llenas de medallas y parches.

En cuanto a las motos, los sidecares son referencia aquí. Atalajes de todas las formas y tamaños que resultan mucho más estables y seguros para rodar por las carreteras heladas e incluso dentro de la zona de acampada, donde no se suelen superar los 0 ºC durante el fin de semana. Asimismo, abundan las motos clásicas europeas como la Jawa, la MZ y las famosas BMW R75 Guerra. En muchas incluso es frecuente encontrar cadenas en la rueda de transmisión, y en las motos sin sidecar hay hasta esquíes laterales para evitar caídas en el hielo. Los sistemas instalados para combatir el frío también ofrecen una enorme variedad y originalidad, y van desde las tradicionales mantas para cubrir el cuerpo del piloto y las manoplas en el manillar hasta artesanales sistemas de calefacción que utilizan la temperatura del motor. La medalla de los Elefantes es una de las más valoradas y admiradas del mundo motero, y a ella los asiduos van añadiendo sus años de asistencia al gran evento.

HONDA
Scottoiler

PINGÜINOS

VALLADOLID (ESPAÑA)

https://www.clubturismoto.com/

Esta es la primera gran concentración del año en España. Ha pasado por diferentes ubicaciones, pero siempre dentro de la provincia de Valladolid. Así, se ha celebrado en Herrera de Duero (de 1982 a 1984), Fuensaldaña (de 1985 a 1987), Tordesillas (de 1988 a 2000, en tres zonas de acampada diferentes), Boecillo (de 2001 a 2007), Simancas (en 2008) y Puente Duero (de 2009 a 2014). Durante los años 2015 y 2016 no se celebró debido a una importante crisis en el club organizador, pero volvió a reanudarse en Valladolid capital, donde se lleva celebrando desde 2017 hasta la actualidad. La crisis atravesada por el club organizador en el año 2015 se debió a cuestiones de localización por problemas medioambientales y acabó resolviéndose en los tribunales con la dimisión de su presidente histórico y la expulsión de todos los socios, de manera que el club en su totalidad quedó en manos de seis personas y fue necesaria la intervención directa del Ayuntamiento de Valladolid.

FECHA TRADICIONAL: Segundo fin de semana de enero

DURACIÓN: Tres días

PRIMERA REUNIÓN: 1982, Herrera de Duero

ASISTENTES: 30 000

ACTIVIDADES: Acampada, conciertos, desfile de antorchas, exhibiciones

Como concentración invernal es, sin duda, la más multitudinaria de Europa. Con los años, ha ido pasando de una sencilla concentración motociclista a un evento multitudinario patrocinado por el Ayuntamiento de Valladolid en el que cada vez tienen mayor protagonismo los conciertos, que son precisamente los que elevaron en los últimos años el número de participantes no motoristas pero sí contabilizados en el total. La ciudad de Valladolid, capital de Castilla y León, recibe una importante inyección económica durante estos días, colgando el cartel de completo.

El desfile de las antorchas del viernes por la noche que se celebra en memoria de los compañeros fallecidos y el desfile por las calles de Valladolid que finaliza en Campo Grande y tiene lugar el sábado por la mañana son los momentos más emocionantes y los que cuentan con mayor número de motos. Además, desde el año 1998 se entregan los Pingüinos de Oro a pilotos e instituciones destacados en actividades en pro de la motocicleta y su mundo. El autor de este libro, Gustavo Cuervo, recibió el Pingüino de Honor en el año 2014.

FARO
20 - 22
66
SHOEI

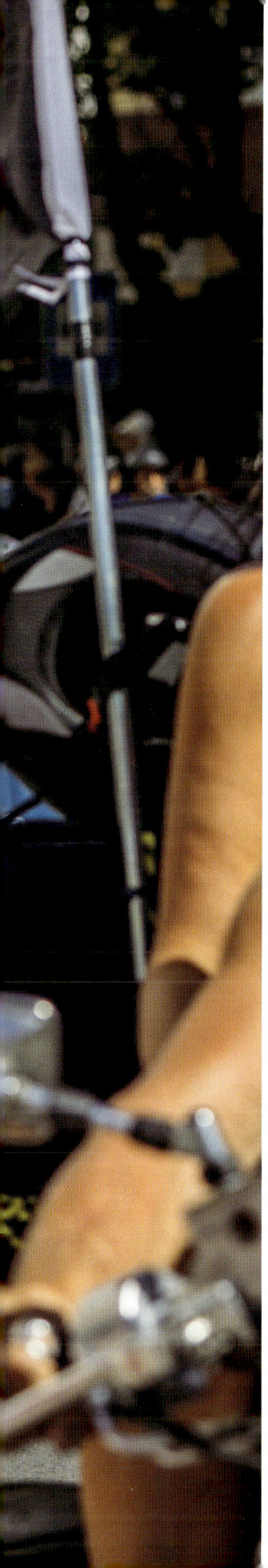

CONCENTRACIÓN INTERNACIONAL DE FARO

FARO (PORTUGAL)

https://www.motoclubefaro.pt/es

La de Faro es la concentración motociclista veraniega más multitudinaria de Europa. En pleno estío es el calor el que marca las actividades fundamentalmente de fiesta masiva. Por la noche, los conciertos de *rock* con prestigiosos grupos musicales y los bares abiertos toda la madrugada congregan a un número mucho mayor de asistentes, quienes agradecen la suavidad de las temperaturas nocturnas en comparación con las diurnas. El escenario central, muy semejante al de los macrofestivales musicales, es lo que diferencia a esta reunión motociclista de otros eventos moteros. Además, Faro es un destino muy llamativo, pues permite disfrutar de jornadas playeras en el Algarve, ese lugar único en el globo gracias a sus 150 km de costa con vistas al océano Atlántico entre Ayamonte y la punta más meridional de Portugal, en Sagres.

FECHA TRADICIONAL: Mediados de julio

DURACIÓN: Tres días

PRIMERA REUNIÓN: 1982

ASISTENTES: 25 000

ACTIVIDADES: Conciertos de *rock*, actividades playeras, mercadillos y concursos

El organizador, el Moto Clube de Faro, nació en 1970 de la mano de un grupo de amigos. Se constituyó oficialmente en 1982, y fue entonces cuando empezó a dedicarse a la organización de carreras de velocidad y motocross. En ese mismo año, se celebró por primera vez la concentración motociclista de Faro, que reunió a 200 aficionados, la gran mayoría españoles. El crecimiento continuo en número de participantes hizo que en 1991 quedara consolidada y entrara a formar parte del calendario de reuniones internacionales de la Federación Internacional de Motociclismo.

El auge del encuentro permitió construir una sede social permanente en 2011 que se ubicó en la avenida Cidade Hayward, hizo las delicias de los más de 400 socios y se dotó de todo lo necesario para cumplir con los requisitos logísticos de un evento de tamaña importancia y notable influencia en todo el Algarve.

La sede tiene actividad todo el año y es el punto de encuentro de los socios, quienes no se pierden los conciertos solidarios, las presentaciones y las ferias del último domingo de cada mes. Además, y desde hace un tiempo, también acoge temporalmente a viajeros en moto. En 2023 se alcanzó la cifra de los 25 000 inscritos en la que ya es, sin duda, la mayor fiesta veraniega de la moto en Europa. Tanto es así que su logotipo de la rueda de la fortuna alada es un orgullo para todos los que lo llevan bordado en chaquetas de cuero y chalecos.

SAGRES

9463
JRM

LA LEYENDA CONTINÚA

CANTALEJO, SEGOVIA (ESPAÑA)

https://www.laleyendacontinua.info

Los miembros del M. C. La Leyenda Continúa son los más expertos de España en activo en lo referente a la organización de concentraciones motociclistas. Su primera convocatoria como concentración internacional tuvo lugar en Simancas en 1977 con el nombre de Hipo 77. Más tarde pasó a llamarse MCTV, de Moto Club Turismo Valladolid, y luego adoptó el nombre de Turismoto, bajo el que se encargaron de la creación y del desarrollo de la concentración Pingüinos hasta que en 2016 la gran mayoría de los socios fundaron un nuevo motoclub denominado La Leyenda Continúa, y fueron ellos quienes pasaron a ocuparse de la convocatoria de esta cita en la población de Cantalejo (Segovia). Pese a su crecimiento continuo en número de participantes, la reunión no pierde el espíritu inicial de fraternidad motociclista.

FECHA TRADICIONAL: Segundo fin de semana de enero

DURACIÓN: Cuatro días

PRIMERA REUNIÓN: 2016

ASISTENTES: Más de 10 000

ACTIVIDADES: Acampada en pinar, rutas turísticas, conciertos, conferencias, exposiciones, espectáculos stunt. Saludo a los motoristas del mundo (Turégano)

El viernes por la noche tiene lugar el saluda a los motoristas del mundo en la cercana población de Turégano. Todo un espectáculo audiovisual con música clásica, fuegos artificiales y farolillos chinos, con los magníficos escenarios de la plaza Mayor y el castillo medieval de esta población segoviana como telón de fondo.

Confraternización en torno a las hogueras en el pinar, y rutas a los pueblos amigos próximos, en los que tienen lugar exhibiciones de stunt y degustaciones. En la tarde del sábado la carpa social acoge conferencias, presentaciones de viajes y libros de temática motociclista, y la entrega del Premio Leyenda de Honor a una persona especialmente relevante.

Por si fuera poco, se celebran conciertos nocturnos que tienen su punto álgido en la fiesta del año nuevo motero, con, cómo no, sus campanadas a las doce de la noche, que son presentadas por ilustres motoristas. Tras ellas, continúan la música y las cenas en el campamento, donde en cualquier corrillo todo el mundo es bienvenido para compartir las viandas y los asados de productos típicos traídos de toda España, lo que ayuda a mantener un ambiente muy fraternal durante toda la fría noche. La Leyenda Continúa mantiene el espíritu tradicional de camaradería motociclista. Como reza el nombre del motoclub organizador, "La Leyenda", la hermandad motociclista continúa pura en esta concentración.

LA PATRONNE
DES MOTOCYCLISTES
PRODUITS ET
IDÉES DE CADEAU
DISPONIBLES ICI
PROTECT ME

MOTORRADUNO INTERNAZIONALE MADONNINA DEI CENTAURI

ALESSANDRIA-CASTELLAZZO BORMIDA (ITALIA)

En el año 1945, con una Europa devastada por la guerra, en Castellazo Bormida, un pequeño pueblo del Piamonte Italiano, el farmacéutico local y aficionado motociclista Dr. Marco Ré tuvo la idea de reunir a motoristas de toda Europa en una concentración con la esperanza de poder cerrar las heridas provocadas por la contienda. Para ello buscó los nexos de unión entre todos y se dio cuenta de que, además del amor a las motos, los unía el cristianismo.

Contactó con las autoridades eclesiásticas, para solicitarles el nombramiento de una patrona oficial de los motoristas. Para ello propuso a la Virgen de la Creta, cuya imagen se veneraba en la iglesia de su pueblo. Esta petición

FECHA TRADICIONAL: Primer fin de semana de julio

DURACIÓN: Dos días

PRIMERA REUNIÓN: 1946

ASISTENTES: 10 000

ACTIVIDADES: Misa y nombramiento de los Caballeros Centauros llegó hasta el papa Pío XII, quien otorgó en 1947 el título de patrona oficial de los motociclistas a la que a partir de ese momento pasaría a llamarse Madonna dei Centauri, por el parecido de ese ser mitológico con los motoristas.

Desde ese momento se fijó como fecha de la reunión el primer fin de semana de julio en Alessandria, ciudad cercana a Castellazo. A la original propuesta italiana de la Madonnina dei Centauri se fueron sumando secciones en diferentes países: Francia, Bélgica, Suiza, Alemania y España.

En la actualidad se realizan dos reuniones anuales, la ya citada en la casa matriz de Alessandria, y otra en el mes de mayo organizada en diferentes lugares de Europa por una de las secciones internacionales.

La particularidad que hace única a esta concentración es que el domingo se celebra una misa en la iglesia de Castellazo y un miembro de cada sección entra con su moto hasta el altar y es nombrado Caballero Centauro por el obispo de Alessandria.

Es una reunión abierta a todo el mundo, no es necesario pertenecer al Moto Club para participar en ella, y ha llegado a reunir a más de diez mil motoristas de toda Europa.

El evento acaba con un desfile motorizado por la ciudad en el que todos los participantes pasando ante el palco donde se sitúan las autoridades civiles, eclesiásticas y militares. La importancia oficial de esta concentración se tornó evidente cuando el presidente de la República Italiana fue nombrado Presidente Honorífico del Moto Club Madonnina dei Centauri.

En el año 2025, se celebró la 80ª edición, lo que la convierte en decana de las concentraciones motociclista europeas.

KRISTAL RALLY

DIFERENTES PUEBLOS (NORUEGA CENTRAL)

http://krystallrally.no/

Fue en el año 1970 cuando se convocó la primera cita de la reunión motorista más dura y difícil de todas las celebradas en Europa. Tuvo lugar en la ciudad de Femundsenden, Noruega, muy cerca de la frontera con Suecia, y fue organizada por Morten Mager (1938-2019), un holandés enamorado de Noruega, periodista y empresario, dispuesto a cualquier actividad relacionada con el mundo del motociclismo. En su origen, se buscó replicar la concentración de los Elefantes de Alemania pero en los países nórdicos, lo que aún complica más la asistencia en moto debido al clima extremo. Se comenzó con la versión *rally*, con participantes que salían de diferentes puntos y tenían otro en común de llegada en el que celebraban el éxito de su viaje. Su punto de encuentro pasó por diversas ciudades noruegas como Savalen, Rondane, Spidsbergeeter y Veitostolen. Aunque fue cancelada en 1974, el encuentro logró recuperarse de la mano de su amigo Leif Arnesen en 1976.

FECHA TRADICIONAL: Mediados de febrero

DURACIÓN: Tres días

PRIMERA REUNIÓN: 1970

ASISTENTES: 200

ACTIVIDADES: Reunión libre

Eso sí, hay que insistir en que esta cita es solo para los más valientes de entre todos los valientes. El lugar de encuentro se cambia casi cada año, pero normalmente se sitúa entre 200 y 300 km al norte de Oslo. En pleno invierno noruego, las temperaturas pueden alcanzar fácilmente los -20 °C y hasta los -30 °C. Los organizadores recomiendan llevar la mejor indumentaria invernal contra el frío, equipar las motos con neumáticos de clavos (que en Noruega sí están permitidos) y comprobar previamente el estado de las carreteras, algo impredecible debido a las tormentas de nieve. En pleno invierno y por la latitud de Noruega, apenas hay horas de luz, por lo que rodar de noche llega a convertirse en un atractivo para unos y en una aversión para otros.

El Kristall Rally tiene plazas limitadas que deben ser previa inscripción en la web. Hablamos únicamente de 200 participantes, pues es el número que permite la capacidad hotelera, si bien siempre hay unos cuantos que prefieren la aventura y dormir en tiendas de campaña. Para participar, es imprescindible ir en motocicleta con o sin sidecar, todos los demás vehículos están prohibidos. Los organizadores del Krystall Rally se esfuerzan al máximo en mantener el espíritu original de las reuniones moteras y son pocos los motoristas europeos que han logrado la hazaña. De hecho, solo el piloto Odd Annar Kristlansen ha participado en todas las ediciones, que ya superan las cincuenta.

SHOEI

STELLA ALPINA

BARDONECHIA-COLL SOMMEILLER (ITALIA)

Cuenta la leyenda que esta mítica reunión nació como consecuencia del reto que se fijaron dos buenos amigos, el italiano Mario Artusio y el inglés Harry W. Louis, empeñados ambos en averiguar cuál era la carretera de montaña más alta de los Alpes italianos que se podía recorrer en vehículo a motor. La duda estaba entre el afamado Stelvio de los Alpes centrales y el Coll de Sommeiller, que tiene 47 curvas de herradura, es más estrecho y presenta un largo tramo final de pista de tierra situado en los Alpes occidentales. El resultado fue que Sommeiller, justo en la frontera de Italia con Francia, es el más alto de Italia y el más difícil de alcanzar, con lo que se convirtió en el desafío por excelencia para los motociclistas europeos.

La población de Bardonechia es el punto de referencia de esta singular cita motociclista y se encuentra a 90 km de Turín y 240 km de Niza. Desde aquí hay que recorrer una pista forestal asfaltada para llegar al campamento,

FECHA TRADICIONAL: Segundo fin de semana de julio

DURACIÓN: Dos días

PRIMERA REUNIÓN: 1966

ASISTENTES: 300

ACTIVIDADES: Ascensión pista tierra para conseguir medalla

STELLA
ALPINA
.988
.989
.990
.991.
.992
.997
C.SOMMEILLER, 3009.

donde los que se atreverán con el reto a la mañana siguiente acampan en plena naturaleza. No hay actividades programadas, y en el campamento de lo único que se habla es del desafío de la Estrella Alpina, de motos y de viajes. Aunque algunas entidades y organizaciones intentaron evitar su celebración por tener lugar en un entorno natural de especial protección, al final el ejemplar comportamiento de los asistentes a lo largo de todas las ediciones evitó su anulación.

La subida por una pista de tierra y piedras termina en la cota más alta, a 2993 m sobre el nivel del mar, justo en la frontera con Francia. El paisaje allí consiste en una pequeña llanura alpina con un lago, y, pagando, se consigue la medalla que certifica que se ha superado el reto.

Las motos que lo intentan son de todo tipo, si bien destacan las trail y las puramente turísticas, lo que hace de su reto algo aún más especial. Abundan igualmente las motos clásicas, muchas de ellas con múltiples ascensiones en esta singular reunión/reto.

JUAN PABLO II

ENCUENTRO CRISTO REDENTOR

MENDOZA, PASO ANDINO CRISTO REDENTOR (ARGENTINA/CHILE)

En la frontera entre Argentina y Chile, a 3854 m de altitud, se sitúa el monumento del Cristo Redentor, punto de encuentro de los motoristas o motoqueros, como se denomina en Argentina a los aficionados a las motos, durante un fin de semana de mediados de febrero en pleno verano austral.

Su creador, Daniel «Duende» Díaz, reunió a unos amigos en el paso fronterizo de Argentina con Chile, la antigua carretera de conexión entre los países antes de la creación del túnel. Una reunión en homenaje a los pibes de las Malvinas que se enfrentaron a Gran Bretaña en las islas antárticas y entre los que el propio Daniel figuraba. Posteriormente, ya como la agrupación Falconeros Mendocinos y tras varios años con la categoría de reunión libre, consiguió el estatus de concentración internacional homologada por

FECHA TRADICIONAL: Mediados de febrero

DURACIÓN: Dos días

PRIMERA REUNIÓN: 2014

ASISTENTES: Más de 4000

ACTIVIDADES: Ruta Mendoza Uspallata y ascensión del Cristo Redentor la FIMLA (Federación Internacional Moto Turismo de Latinoamérica). Daniel Díaz, Maribel Giodani, Cecilia Panella y Gastón Smordel son los organizadores.

El encuentro comienza el viernes en Mendoza con la acreditación, para la que es obligatoria reserva previa a través de la web. Ya el sábado, todos los participantes se concentran en la plaza del General San Martín para viajar en caravana hasta Uspallata (a 120 km). Feria, eventos y recitales se desarrollan en un número creciente en Uspallata debido a que el número de asistentes no deja de multiplicarse exponencialmente. El domingo por la mañana es cuando se realiza la ascensión hasta el paso del Cristo Redentor.

Desde la misma carretera, en las proximidades de Puente del Inca, se puede ver el Aconcagua, la montaña más alta de toda América (6961 m). Hasta la población de Las Cuevas, donde empieza el túnel, la carretera N-7 está asfaltada y sigue en continuo ascenso, y desde aquí parte una pista de tierra ancha y bien mantenida por los responsables de viabilidad de la región de Mendoza que se prolonga 8,5 km. En la cima, a casi 4000 m, los moteros pueden enorgullecerse de haber participado en la reunión motociclista celebrada a mayor altitud del mundo.

La ascensión desde el lado chileno resulta mucho más larga, pues hay casi 14 km de pista en la que se suceden 51 curvas en horquilla frente a las 12 que hay que superar del lado argentino. Desde Chile, además, antes de llegar al desvío previo a la entrada al túnel, también hay que remontar por la carretera N-60 las famosas curvas de Caracoles, otras 25 curvas de 180º muy anchas y con escasa pendientes trazadas para permitir la subida de los camiones, usuarios habituales de esta ruta internacional.

El precio de la inscripción cubre los gastos básicos de organización (permisos, seguros y espectáculos en abierto), pero la evolución de la reunión y su crecimiento harán que se pueda disfrutar de actividades cada vez más variadas tanto en Mendoza como en Uspallata.

M.C. MINEROS
MOTO CLUB
LA LEYENDA CONTINÚA
ARGUIS
REUNIO
AR
MOTO CLUB M

ARGUIS ESPAÑA

ARGUIS, HUESCA (ESPAÑA)

http://arguis.monrepos.es

La Reunión Invernal de Arguis cumplió en 2023 sus cincuenta ediciones, lo que la convierte en la reunión que aún se celebra más antigua de España. Su creador fue Emilio Moliné Gaya, y está organizada por el motoclub Monrepós. Tiene lugar en la población de Arguis, a 28 km de Huesca capital por la autovía A-23, la antigua N-330.

Es una reunión libre, pero tiene una inscripción obligatoria muy económica que cubre los gastos de permisos, tasas, leña y seguro. No hay carpas, animaciones ni música; aquí se trata solo de una llanura en un embalse de orillas congeladas y de una hoguera en torno a la cual los reunidos cuentan sus historias y comparten las viandas llevadas desde sus puntos de origen. Son frecuentes los viajeros europeos, especialmente los franceses que llegan atravesando los Pirineos en pleno invierno. No se admiten más que viajeros en moto y se duerme en tienda de

FECHA TRADICIONAL: Mediados de diciembre

DURACIÓN: Dos días

PRIMERA REUNIÓN: 1974

ASISTENTES: 300

ACTIVIDADES: Charlas en torno a hoguera

campaña con el fin de mantener el espíritu motero de décadas pasadas. Lo más habitual aquí son las motocicletas clásicas con varias decenas de años y muchas aventuras en sus ruedas. Predominan las marcas históricas españolas de los años sesenta a noventa como Vespa, Montesa, Bultaco, Ossa, Sanglas...

Goza de un grandísimo prestigio como reunión auténtica y pura, y la edad de sus participantes es superior a la de la media de otras concentraciones motociclistas españolas. En pleno invierno, al pie de los Pirineos, se registran temperaturas muy bajas, y durante la reunión lo normal es que por la noche los termómetros no marquen más de -7 ºC; de hecho, el mercurio ha llegado a caer por debajo de los -20 ºC en alguna edición, lo que la sitúa también a

la cabeza de las reuniones en España celebradas a temperaturas más bajas. La nieve ha sido la gran protagonista en más de la mitad de las citas, y en el 20 % de las reuniones se experimentaron serios problemas de acceso. En la zona no hay más que el bar Lafoz y la tienda de campaña que tú mismo lleves para protegerte de la climatología, por lo que hay que viajar provistos de un buen equipamiento invernal y tener siempre información actualizada sobre el clima.

La reunión libre de Arguis es, indudablemente, la más purista de las reuniones hispanas, pues en ella el objetivo es compartir en camaradería la afición por las motocicletas sin aditivos modernistas. Un encuentro que se empeña en mantener su esencia con el trío Motos-Fuego-Estrellas.

Los eventos motociclistas superan a las concentraciones en cuanto a variedad de actividades y, normalmente, duración. Algunos tienen entidad propia, mientras que otros aprovechan la ocasión para organizar competiciones, exposiciones o celebraciones festivas. Los eventos considerados en esta sección no se rigen obligatoriamente por las normas de la FIM referentes a las competiciones motociclistas, ya que muchas son actividades no competitivas, pero que convocan a miles de aficionados y siempre son actos que suscitan el deseo entre los amantes de las motocicletas de participar en ellos y conocerlos en vivo.

EVENTOS

29

Beta
motorcycles
FULLSIX
DUCATI
DUCATI
AUS GLOBAL
RISPOSTA
uma racing
DAIKO
AKRAPOVIC

EICMA

SALÓN INTERNACIONAL DE LAS DOS RUEDAS DE MILÁN EICMA

MILÁN (ITALIA)

https://www.eicma.it/

Se trata del mayor escaparate comercial de la moto en todo el mundo. Italia reúne a todos los fabricantes de motos y accesorios en la feria europea más antigua y prestigiosa del globo. El Salón Internacional de las dos Ruedas (EICMA) está promovido por ANCMA (Asociacion Nacional Ciclo Motociclo y Accesorios), principal asociación italiana de la industria motociclista.

Con más de un siglo de historia (sus orígenes se remontan a mayo de 1914), el Salón ha vivido todas las diferentes fases de la evolución de la moto y de su comercio, y ha sido semillero de tendencias y aglutinador de los intereses

FECHA: Noviembre

DURACIÓN: 6 dias

PRIMERA REUNIÓN: 1914

ASISTENTES: 500 000

ACTIVIDADES: Presentaciones de nuevos modelos, pruebas de productos de las empresas y de los deseos de los aficionados. Durante muchos años fue el escaparate en el que se presentaban los nuevos modelos de todas las marcas, hasta que la digitalización y, especialmente, la pandemia de la COVID-19 fomentaron las presentaciones virtuales. Aun así, la presencia en vivo de marcas y aficionados reunidos en el mismo espacio físico impulsa y mantiene con pasión el descubrimiento y la promoción de las nuevas técnicas y conceptos de movilidad. La prensa especializada tiene en el Salón de Milán una cita indispensable para dar a conocer no solo los nuevos modelos, también las tendencias hacia las que se moverá el mercado de la motocicleta a nivel mundial en el futuro. En los últimos años ha habido un crecimiento vertiginoso de motos eléctricas, sobre todo de marcas asiáticas, especialmente chinas, las cuales tienen mucha experiencia en el sector y, sin duda, serán las que consigan la mayor implantación por número de ventas. En las motocicletas con motores térmicos también

se nota mucho el crecimiento de marcas chinas, las cuales, más deprisa que despacio, van superando el argumento de motos de baja calidad. Cada edición en EICMA se presentan varias novedades chinas con alta tecnología y cada vez hay más componentes de máxima calidad. En cuanto a las marcas tradicionales europeas y americanas, siempre se reservan algunas novedades para mostrar en esta feria, que luego son las que salen a la venta en la siguiente temporada.

Aunque la presentación de impactantes novedades ha perdido parte de su fuerza aquí, las acciones complementarias como Motolive animan la participación del público. Los atractivos se suceden, y, así, las competiciones de *off road free style trial* y motocross, las exhibiciones, los conciertos, y los espectáculos, además de las múltiples pruebas de productos, son muchas de las cosas que hacen del encuentro un imprescindible para los aficionados.

FIM
RALLY
HJC

RALLY FIM

PAÍSES DE EUROPA, AMÉRICA Y ÁFRICA

https://www.fim-touring.com/

La Federación Internacional de Motociclismo organiza sus propios eventos turísticos y varios campeonatos. El calendario completo del Touring World Challenge varía cada año, y en él se incluyen las pruebas presentadas por las federaciones nacionales. Destaca también el Campeonato del Mundo, que consta al menos de diez pruebas y la más importante es la denominada Rally FIM. Esta convoca normalmente a unos 2000 aficionados de más de una treintena de países diferentes.

El Rally FIM se organizó a modo de ensayo en 1935 en Bruselas, y en los años siguientes se celebró de forma oficial en Berlín, Francia, República Checa y Suiza. Como consecuencia de la Segunda Guerra Mundial, estuvo sin celebrarse diez años, pero luego se retomó con fuerza en 1950 en los Países Bajos. La división de Europa en dos bloques afectó sobremanera al número de participantes y a su procedencia, pero la fuerza de la solidaridad motociclista consiguió celebrar el *rally* en 1957 en Polonia y, posteriormente, en Yugoslavia,

FECHA: Verano. Pruebas puntuables para el campeonato de febrero a octubre

DURACIÓN: Tres días

PRIMERA REUNIÓN: 1936

ASISTENTES: Más de 1500

ACTIVIDADES: Rutas culturales, exhibiciones regionales, cenas de hermandad y luego hasta en la URSS. Aquello hizo posible un evento muy especial, pues por vez primera se permitía a los motoristas occidentales rodar detrás del llamado telón de acero. El Rally de la FIM se desarrolló por primera vez en otro continente allá por 1996, cuando se celebró en Túnez, luego en Marruecos y, finalmente, en Hispanoamérica, con pruebas en Guatemala y México.

Este *rally* se ha convertido en una reunión de tres jornadas para participantes federados y registrados. Durante el día se proponen diferentes rutas que son guiadas por los anfitriones de cada evento, y por la noche hay cenas de hermandad y múltiples opciones de entretenimiento. Sin duda, el acto más importante es el desfile de las naciones, en el que participan los representantes de cada país. La última noche se celebra la ceremonia de entrega de premios según el reglamento de la Federación Internacional de Motociclismo.

Similar al Rally de la FIM, pero con alojamiento en tienda de campaña, es el MotoCamp FIM. Solo quienes acampan pueden optar a los premios. Va dirigido a motoristas que ya hayan participado en al menos cinco *rallies* FIM. Por otro lado está el Rendez-Vous / Meritum, un evento por invitación. Se trata de una reunión informal de pilotos expertos en *rallies* organizada por la FIM

Entre las competiciones turísticas más conocidas promocionadas por la Federación Internacional de Motociclismo están el Special Gatherings Adventure, con pruebas de larga duración en kilometraje; el Vintage, reservado a motos clásicas, y el encuentro Endurance Touring.

DAYTONA BEACH
WELCOMES BIKERS
MOTOR
HARLEY-DAVIDSON
CYCLES
BIKE WEEK
DAYTONA BEACH
FLORIDA
CAFE
Atlantic Av

DAYTONA BIKE WEEK

DAYTONA (FLORIDA, EE. UU.)

https://officialbikeweek.com/

La Daytona Bike Week, que se celebra en el siempre soleado estado de Florida, es la reunión más variopinta y festiva de todas las celebradas en los Estados Unidos. Su fecha exacta varía, pues va vinculada a las vacaciones de primavera escolares, el Spring Break. Además, está patrocinada principalmente por Harley Davidson. Daytona se encuentra a 430 km de Miami y a 90 km de Orlando. El viaje desde Miami se puede hacer por autopista, pero lo más interesante y bello es seguir la A1A, que viaja enlazando todas las islas costeras y pasa por cabo Cañaveral, donde está la base de lanzamiento de cohetes espaciales y su interesante museo. En cualquier caso, el viaje por la península de Florida siempre es llano y recto, ya que el punto de mayor altitud del Estado es Britton Hill, con solo 105 m sobre el nivel del mar.

FECHA: Mediados de marzo

DURACIÓN: Diez días

PRIMERA REUNIÓN: 1937

ASISTENTES: Más de 100 000

ACTIVIDADES: Carreras en circuito, conciertos, múltiples actividades

En Daytona se celebran múltiples actividades durante la larga semana que las motos toman esta población costera y todas las limítrofes. Muchas de las exhibiciones y competiciones se celebran en el circuito ovalado de Daytona, lugar de las famosas 200 millas y donde también tienen lugar los campeonatos de trial, freestyle y supercross, entre otros. Existe una guía gratuita en papel en la que se detallan todas las actividades disponibles en diferentes lugares del condado, como el centro de bienvenida, las tiendas de motos y la carpa corporativa de Harley Davidson en el circuito de velocidad. Lo más recomendable es planificar la visita y obtener las entradas necesarias para cada actividad. Quien viaje en moto también deberá reservarla en Miami con meses de antelación.

Lo que no puede faltar nunca es el paseo en moto por la playa. Esta es la única playa de los Estados Unidos en la que está permitida la circulación por la arena durante todo el año, aunque, naturalmente, a una velocidad muy limitada y vigilada, y siempre que se respeten estrictamente los carriles y sentidos de circulación, al igual que las zonas de estacionamiento. Main Street Bridge, que se extiende entre la playa y el puente sobre el río Halifax, suele ser la calle con más ambiente y en la que también se concentran los principales concesionarios de motos HD.

24
LARSSON
85
91
16
Blumaq
LARSSON
Blumaq
Blumaq
16
LARSSON
Iglesias Martinez
clinicadental
LA BAÑEZA
BULLIT
CLASSIC
16
Fast
MotoService
TRES CRUCES.com
TORO
X-803

CARRERAS DE LA BAÑEZA

LA BAÑEZA (LEÓN, ESPAÑA)

https://motoclubbanezano.es/

Se trata de la más antigua de las carreras de motos de España y se lleva celebrando ininterrumpidamente desde 1952 en La Bañeza, un pueblo de poco más de 10 000 habitantes situado en el oeste de la provincia de León.

Se trata de la única superviviente en España de las carreras urbanas precursoras de las competiciones en circuito en toda Europa. La Bañeza ofrece durante todo un fin de semana un espectáculo inolvidable. Los sonidos, los olores y las imágenes se suman para llenarlo todo de un amor por la competición con motocicletas clásicas. Debido a las condiciones del circuito, puramente urbano, trazado de forma íntegra entre las calles del pueblo, las únicas motocicletas admitidas para competir

FECHA: Primera semana de agosto

DURACIÓN: Tres días

PRIMERA REUNIÓN: 1952

ASISTENTES: Más de 50 000

ACTIVIDADES: Carreras urbanas, motos clásicas, rutas turísticas, conferencias, conciertos, mercadillo son las clásicas, en tanto que las modernas solo están autorizadas para la categoría moto 3.

La Bañeza es un gran museo al aire libre, pues muchas de las fachadas de sus edificios están decoradas con murales artísticos. El más famoso con diferencia es el del rostro del 12+1 veces campeón del mundo de motociclismo, Ángel Nieto, en el que se lee una de las frases que pronunció tras competir en estas calles: «Para ser campeón del mundo primero hay que ganar en La Bañeza»

La afición es, ha sido y será el motor del MC Bañezano, y todos sus miembros participan de forma altruista en la organización de los variados eventos que se suceden a lo largo del año. Durante el mismo fin de semana que las carreras urbanas, con el nombre de La Bañeza, Ciudad de la Moto, se celebran varios eventos mototurísticos, conferencias de grandes viajeros y rutas en moto por la comarca. Todo ello contribuyó para que La Bañeza ganara el premio MotoTurismo 2023 en la categoría entidades públicas en reconocimiento por su larga historia y buen hacer en la organización y difusión del motociclismo.

Bihr
Escoles
FEDERACIÓ BALEAR MOTOCICLISME
COPA DE ESPAÑA
MOTO
VEHICULO
SOSTENIBLE
ORGANITZACIÓ
STAFF
SI
DEFENSA DEL MOTOCICLISTA

VOLTA A MALLORCA INTERNACIONAL

PALMA DE MALLORCA (ISLAS BALEARES, ESPAÑA)

https://mediamilla.ning.com/

El motoclub Media Milla organiza la Volta Internacional a Mallorca en moto, una reunión que consiste en circunvalar la mayor de las islas Baleares por carreteras abiertas al tráfico. Hablamos de una jornada en la que se llegan a hacer unos 300 km. El recorrido varía en cada edición, pero el punto de partida siempre es la capital, Palma de Mallorca. La variedad de paisajes y carreteras que se transitan dejan una y otra vez a los participantes con una sonrisa en la cara. Al no ser un encuentro competitivo, los motoristas pueden parar a su antojo y disfrutar de paisajes tan diferentes como los de la sierra de Tramuntana o los de las recoletas playas de Sa Calobra, Formentor, Alcúdia, Cala d'Or... Es un evento que permite conocer gran parte de los atractivos de la isla y resulta muy recomendable para los

FECHA: Mediados de junio

DURACIÓN: Un día

PRIMERA REUNIÓN: 1977

ASISTENTES: Más de 3000

ACTIVIDADES: Ruta turística alrededor de la isla de Mallorca

motoristas que deseen conocer los atractivos de la isla mediterránea en un ambiente festivo muy saludable y respetuoso.

El motoclub Media Milla no se dedica solo a organizar esta prestigiosa prueba. Durante todo el año se suceden múltiples actividades, entre las que destacan la Vuelta Nocturna a Mallorca, con más de treinta ediciones, y la MotoRock, así como homenajes, competiciones y concentraciones de marcas o modelos, que se suceden para hacer de este motoclub uno de los más activos de España.

En 2025 se celebró su 49.ª edición, lo que la convierte en la ruta más veterana del calendario español. Es puntuable para el campeonato de España de mototurismo y cuenta con la máxima calificación de la FIM.

ORGANITZACIO

22
11

FESTIVAL DE LA VELOCIDAD DE GOODWOOD

GOODWOOD ESTATE (WEST SUSSEX, REINO UNIDO)

https://www.goodwood.com/motorsport/festival-of-speed/

El Goodwood Festival of Speed es la reunión más multifacética de todas las convocadas en el mundo. Lo más llamativo son las competiciones deportivas, las exposiciones de motos clásicas de todo tipo, la concentración motociclista y automovilista, y la presencia de pilotos destacados del panorama mundial junto a campeones del mundo de todas las épocas.

Las dos y las cuatro ruedas aquí van de la mano, compartiendo historias y admiración entre los amantes del motor: un lugar en el que ver a legendarios campeones de Fórmula 1 conversando con los últimos campeones de MotoGP y los ganadores de la NASCAR junto a los de superbikes. En ningún rincón del mundo encontrarás en un solo lugar tal cantidad de

FECHA: Junio/julio

DURACIÓN: Cuatro días

PRIMERA REUNIÓN: 1993

ASISTENTES: Más de 100 000

ACTIVIDADES: Exposiciones, carreras, conciertos, múltiples actividades máquinas legendarias juntas para rodar sobre la tierra y a los héroes que las han pilotado.

Su historia empezó como una reunión de automóviles clásicos convocados por lord March, quien se había fijado como objetivo volver a llevar las carreras al antiguo circuito de Goodwood. Para ello, en junio de 1993 invitó a un selecto número de amigos con sus vehículos históricos para hacer una exhibición y organizar una corta carrera en cuesta en sus terrenos. Ya entonces solo a verlos asistieron más de 25 000 personas. Al año siguiente se añadió también el sábado; en 1996, el viernes, y en 2010, el jueves con el Moving Motor Show, por lo que el evento se convirtió en la mayor reunión de coches y motos clásicas de Europa, tanto de vehículos fabricados en serie como de motocicletas y automóviles de competición.

Un completo parque de atracciones del mundo del motor en el que se multiplicaron las actividades, incluyendo vuelos acrobáticos de aviones militares y civiles, competiciones Bmx Freestyle, supercross y otras muchas exhibiciones que se celebran a lo largo del fin de semana. La subida en cuesta, de apenas 8 km y en la que participan desde F1 hasta clásicos, es uno de los principales atractivos. Cabe decir que en ella sobran los cronómetros, pues el objetivo es disfrutar. Por último, también se mira al futuro con la exposición y las pruebas de vehículos sin conductor de todo tipo. En los últimos años las más prestigiosas y elitistas marcas de automóviles han escogido el enclave para presentar aquí sus últimos modelos.

Este es el único lugar en el que se puede estar cerca de las motos más legendarias y míticas de competición que han sido hitos históricos en el mundo del motociclismo, pero también de las últimas construcciones de todos los fabricantes. Aquí se aúnan la pasión inglesa por el motor clásico en todas sus formas y la más completa gama de actividades en el cambiante clima de la primavera británica, que a veces obliga a cambiar o incluso a suspender exposiciones.

AON
Bonhams
Switzerland
1
2
3
4
5
6
7
8
9
10
11

ROLEX
RACE POSITIO
TEX
INERS
15 16 17 18 19 20 21 22 23 24 25

WHEELS
WAVES
YAMAHA

WHEELS AND WAVES. (RUEDAS Y OLAS)

BIARRITZ (FRANCIA)

https://wheels-and-waves.com/

El punto de encuentro más prestigioso para los amantes de las motocicletas cafe-racer y scrambler. La cultura underground y el estilo *vintage* se unen en un evento de un ambiente muy especial en el que, además de motos exclusivas y muy personales de los estilos más característicos, también se puede disfrutar de competiciones con motocicletas clásicas y en los formatos de principios de siglo XX.

El *village* es la sede, el corazón y el pulmón del evento, el punto de encuentro donde se crean y cuentan las más singulares historias. Se sitúa en una explanada a 1 km de Biarritz denominada Cité del Océano. Aquí tienen lugar los conciertos, las proyecciones, la zona de *chill out* y el legendario

FECHA: Tercera semana de junio

DURACIÓN: Cinco días

PRIMERA REUNIÓN: 2009

ASISTENTES: Más de 30 000

ACTIVIDADES: Carreras clásicas, dirt track, enduro, exhibiciones, conciertos, concursos de elegancia, surf y *skate board*

muro de la muerte. Expositores, bares, restaurantes, peluquerías, tatuadores y barberías dan forma a un pueblo singular de excepcional ambiente. En la sala de exposiciones se pueden admirar obras de artistas de todo el mundo. Allí, la pintura, la fotografía, la escultura, el arte callejero y la moto custom son los grandes protagonistas. Algunos de los constructores y transformadores de motos europeos exhiben aquí sus creaciones para la venta o simple admiración por parte de los más forofos.

Entre las competiciones, una de las más populares es la de dirt track, un anillo de tierra en el que más de sesenta pilotos compiten en categorías de motos anteriores a 1950, anteriores a 1975 y anteriores a 1990. Muy llamativa también es la subida denominada Punk's Peak, la cual tiene como escenario el monte Jaizkibel, en Hondarribia (Guipúzcoa). Una carrera en subida al esprint que convoca a más de dos centenares de pilotos. Hablamos de una competición de aceleración homologada por la FIM, todo un espectáculo de imagen y sonido. Pura nostalgia en el WAW Vintage Rally, es una experiencia de enduro solo por diversión con máquinas exclusivamente anteriores a 1995. El enduro simboliza plenamente los valores de Wheels and Waves, pues aquí «¡todos pueden convertirse en protagonistas del evento!». Cien pilotos y tres categorías: anteriores a 1975, anteriores a 1985 y anteriores a 1995.

No menos llamativa es la conocida como Carrera de los Señores, que se organizó por primera vez en 2022. Motos solo anteriores a 1950 y un vestuario acorde a la época entablan duelos de dos en dos como en las legendarias carreras en la arena de los soldados norteamericanos a finales de la Segunda Guerra Mundial.

Si viajas en tu moto, no puedes dejar de hacer alguna de las múltiples rutas que hay entre Francia y España, con la cordillera de los Pirineos y el próximo océano Atlántico como escenario, haciendo las delicias de cualquier aficionado a la moto por sus múltiples curvas y paisajes. Competiciones de surf en la playa de Biarritz y *skate board* en una pista completan el programa tradicional de Wheels and Waves. Desde el año 2021 también se celebra una edición de Wheels and Waves en Italia durante el otoño, concretamente en Lido de Camaiore, a 100 km de Florencia y 139 km de Géneva, en la costa del mar de Luiguria (Mediterráneo). Igualmente hay otra edición en Japón.

DAVIDSON CLUB
SUD CÔTE D'ARGENT
BRETLANDERS
HDC
BRITTANY
BEACH
15 ème ANNIVERSAIRE
1994
2009

ÖNNA
Blauer
TRIUMPH

DISTINGUISHED GENTELMAN'S RIDE MUNDIAL TRIUMPH

893 CIUDADES (107 PAÍSES DE TODO EL MUNDO)

https://www.gentlemansride.com/

Este es un evento que se celebra el mismo día en más de ochocientas ciudades de todo el mundo y que sigue creciendo. The Distinguished Gentelman's Ride, o 'paseo de los caballeros distinguidos' en español, reúne en una concentración y posterior desfile por las calles de sus ciudades a cualquier tipo de motorista y motocicleta, si bien tienen preferencia en las cabeceras de los desfiles las motos clásicas y de estilo vintage. Lo que sí se recomienda, y este es justamente uno de los éxitos de la cita, es que los participantes vayan vestidos con ropas clásicas de principios del siglo pasado, el XX, emulando a las damas y a los caballeros de la época. No hay tarifa de inscripción para participar, pero se solicita el registro en una web que publica cada país participante y una donación voluntaria

FECHA: Mediados de mayo

DURACIÓN: Un día

PRIMERA REUNIÓN: 2012

ASISTENTES: Más de 110 000

ACTIVIDADES: Reunión y desfile de participantes con trajes de época con el fin de recaudar fondos para la investigación del cáncer de próstata y la salud mental de los hombres. Movember es la ONG encargada de la asignación de las donaciones, y ya ha realizado proyectos en Alemania, Australia, Austria, Brasil, Canadá, España, Estados Unidos, Finlandia, Francia, Hong Kong, Italia, Irlanda, Luxemburgo, Noruega, Nueva Zelanda, Países Bajos, Reino Unido, República Checa y Suiza.

Esta singular cita fue creada por Mark Hawwa en Sídney (Australia), con la intención de combatir el estereotipo negativo que se asocia a los hombres motoristas. Aquí, caballeros elegantemente vestidos en sus motocicletas rompen con las clásicas imágenes de chicos malos y desaliñados. La fórmula tuvo un éxito fulgurante y se extendió por todo el mundo con el patrocinio de la marca de motocicletas

Triumph. En 2012 participaron apenas 64 ciudades, y en menos de una década las citas se multiplicaron hasta superar las 800 ciudades de más de un centenar de países en todo el mundo. Ello ha llevado a una cifra de más de 100 000 participantes en la suma de todos los eventos. La recaudación de fondos ya ha superado los 45 millones de dólares, y solo en 2023 se consiguieron más de 7 millones.

Los programas de actividades complementarias al desfile, que es la única actividad común en todas las ciudades, dependen solo del organizador local. Se suelen ofertar conciertos y comidas al final de la ruta, y se utilizan para ello lugares muy representativos de cada ciudad o parques y estacionamientos en los que la comunidad motociclista acostumbra a ser habitual. Otro gran éxito en las reuniones es el photocall para posar vestidos de época.

MICHELIN

RODI BOOK

CATALUÑA, ARAGÓN Y PIRINEO FRANCÉS (ESPAÑA)

https://www.rodibook.com/

Rodibook es un evento no competitivo de viaje por carreteras abiertas al tráfico por los Pirineos catalán, aragonés y francés. El recorrido varía cada año y es secreto hasta el inicio de la ruta. La organización entrega a los inscritos un *roadbook* en formato papel o digital para tabletas de 8 pulgadas o más, y las indicaciones para seguir la ruta y facilitar el paso por los diferentes puntos de control de sellado obligatorio para conseguir el diploma acreditativo de haber concluido con éxito la prueba. Los recorridos están muy bien seleccionados, y se pasa por carreteras y pistas de montaña espectaculares con un total de más de 5000 curvas por norma general.

La historia de este evento patrocinado por la cadena de mecánica rápida y mantenimiento de vehículos Rodi Motor Services comienza en 2013 y ha crecido hasta alcanzar los 1200 participantes anuales, el máximo número que permite la organización. Sorprende que las plazas se agotan al poco de

FECHA: Primera semana de septiembre

DURACIÓN: Un día

PRIMERA REUNIÓN: 2013

ASISTENTES: 1200

ACTIVIDADES: Rutas turísticas *on* y *off* por el Pirineo de Lleida, Huesca y Francia

abrirse la inscripción en la web oficial. Tiene como inicio tradicional el valle de Arán, un lugar privilegiado del Pirineo leridano.

Rodibook es una prueba representativa de las múltiples de similar formato que se realizan por toda España, retos, *challenges*, desafíos que han tenido un gran crecimiento en los últimos años. También proporciona recomendaciones gastronómicas y culturales en el valle de Arán y ofrece promociones especiales para los participantes.

Existen varias fórmulas de participación según el kilometraje o el tipo de ruta que se elija. El Rodibook On Road Pro tiene una longitud de entre 650 y 750 km y una duración de 12 a 16 horas. En el Rodibook On Road Rookie la distancia es de 500 a 600 km en 10-12 horas. Las rutas *off road* son solo para motocicletas trail, scrambler y enduro clásicas anteriores a los años noventa, constan de 350-400 km de pistas abiertas al tráfico y de enlaces por carretera. Además, tienen la categoría rookie porque presentan un mayor porcentaje de ruta por carretera asfaltada que las denominadas *off road pro*.

REDD
MICHELIN
RACING

8 REUNIONES DE MARCAS

La mayoría de las marcas de motocicletas dedican unos días del año para convocar a sus clientes y amigos, y así consolidar los lazos de amistad en torno a la marca. Sus actividades varían según cada constructor y organizador, pero normalmente no restringen la participación a otras marcas. Se presentan los últimos modelos de cada fabricante y se ponen a disposición de los asistentes rutas guiadas o circuitos donde se pongan de relieve las características de las motocicletas. También las principales marcas de motocicletas realizan una vez al año un viaje de varios días con recorridos especialmente seleccionados para sus fieles.

BMW MOTORRAD DAYS (ALEMANIA)

FECHA: Segundo fin de semana de julio

DURACIÓN: Fin de semana

LOCALIZACIÓN: Garmisch - Berlín (Alemania)

PRIMERA REUNIÓN: 2001, Seefeld (Austria)

ASISTENTES: Más de 40 000

ACTIVIDADES: Concentración, pruebas de todos los modelos, rutas, exhibiciones conciertos. En diferentes fechas estivales cada pais celebra sus Motorrad Days.

VIAJE PROMOCIONADO: España, de punta a punta. Ruta d e varios días de extremo a extremo de la peninsula ibérica.

WORLD DUCATI DAYS (ITALIA)

FECHA: Julio

DURACIÓN: Fin de semana

LOCALIZACIÓN: Circuito Misano Marco Simoncelli, Riviera Adriática, Italia

PRIMERA REUNIÓN: 2009

ASISTENTES: Más de 60 000

ACTIVIDADES: Concentración, pruebas de todos los modelos, rutas, exhibiciones conciertos, encuentros con pilotos

VIAJE PROMOCIONADO: España, Transpirenaica, y salida We Ride as One

GIORNATE MONDIALI GUZZI (ITALIA)

FECHA: Septiembre

DURACIÓN: Fin de semana

LOCALIZACIÓN: Mandelo di Lario (Italia)

PRIMERA REUNIÓN: 2017

ASISTENTES: Más de 10 000

ACTIVIDADES: Concentración, desfile, pruebas de todos los modelos, rutas, exhibiciones, conciertos, concursos

VIAJE PROMOCIONADO: Moto Guzzi Experience, viajes por Europa

HARLEY DAVIDSON HOMECOMING (USA)

FECHA: Julio

DURACIÓN: Cuatro días

LOCALIZACIÓN: Milwaukee, Wisconsin, EE. UU.

PRIMERA REUNIÓN: 1993

ASISTENTES: Más de 100 000

ACTIVIDADES: Concentración, pruebas de todos los modelos, rutas, exhibiciones conciertos, homenajes y concursos

VIAJE PROMOCIONADO: European HOG Rallye

KTM ORANGE DAYS (VARIAS LOCALIZACIONES)

FECHA: Mayo

DURACIÓN: Fin de semana

LOCALIZACIÓN: Varias localizaciones en cada país

PRIMERA REUNIÓN: 1994

ASISTENTES: No declarado

ACTIVIDADES: Pruebas de todos los modelos.

VIAJE PROMOCIONADO: RIDE KTM Adventure Rally, varias actividades en países por Europa/América/Asia

HONDA RACING THANKS DAYS (JAPÓN)

FECHA: Primer fin semana diciembre

DURACIÓN: Fin de semana

LOCALIZACIÓN: Circuito de Motegi, Japón

PRIMERA REUNIÓN: 2022

ASISTENTES: 15 000

ACTIVIDADES: Encuentro con los pilotos Honda de todas las especialidades de motor (motos y coches), exhibiciones, demostraciones, paseos pit lane, boxes

SUZUKI (ITALIA)

FECHA: Junio

DURACIÓN: Fin de semana

LOCALIZACIÓN: Circuito de Misano Italia

PRIMERA REUNIÓN: 2010

ASISTENTES: Más de 2000

ACTIVIDADES: Pruebas todos modelos motos y coches

VIAJE PROMOCIONADO: Suzuki v Strom on Road, rutas españa y portugal

VESPA WORLD DAYS (ITALIA)

FECHA: Abril

DURACIÓN: Fin de semana

LOCALIZACIÓN: Pontedera (Italia) e itinerante por diferentes ciudades de Europa

PRIMERA REUNIÓN: 1954

ASISTENTES: 20 000

ACTIVIDADES: Desfile, visita fábrica, yincana

https://soymotero.net/rutas/vespa-world-days-2024-informacion/

Las rutas más deseadas y admiradas del mundo por la comunidad motociclista internacional varían en longitud y dificultad. Van desde las puramente turísticas a las de extrema exigencia, ya sea por las condiciones del terreno o por la dificultad logística de los países por donde se extienden. Las siguientes son las más famosas y anheladas por cualquier motociclista, con independencia de su edad, condición social, cultura u origen.

Mientras, España es un paraíso para rodar en moto, considerado por muchos como el mejor país del mundo por clima, orografía, red viaria, cultura y pasión motociclista. La cantidad y variedad de montañas por las que serpentean carreteras con magníficos y variados trazados; sus pueblos y ciudades llenos de monumentos testigos de su historia; su gastronomía; su seguridad; sus fiestas... Hemos elegido dos rutas representativas y muy diferentes como ejemplo de las infinitas rutas para disfrutar en moto por España.

RUTAS SOÑADAS

ROUTE
66
ROUTE
66

RUTA 66

La más afamada de las rutas moteras debe su popularidad al excelente y poderoso marketing norteamericano y a su singular historia, relacionada con el desarrollo de los estados del oeste norteamericano durante los primeros decenios del siglo XX.

La ruta histórica comienza en Chicago y acaba en Santa Mónica (Los Ángeles), tras recorrer 2448 millas llanas, en su inmensa mayoría. Promovida en 1923 por Cyrus Avery al inicio de la red nacional de carreteras de los Estados Unidos, fue señalizada en 1927 y completamente pavimentada en 1938. Desde un principio y hasta 1976, la Asociación US 66 fue portavoz de los negocios establecidos a lo largo de una carretera fundamental en las rutas de camiones, desde las zonas productoras metalúrgicas en la región de los lagos (Illinois) hasta la creciente California, debido a que sigue un trazado con muy pocos desniveles a lo largo de su recorrido.

ESTADOS RECORRIDOS: Illinois, Missouri, Kansas, Oklahoma, Texas, Nuevo México, Arizona y California

DISTANCIA: 3940 km (2448 millas)

DIFICULTAD: Baja

MEJORES ESTACIONES: Primavera, verano y otoño

Durante la Gran Depresión se convirtió en la principal vía para los emigrantes que buscaban la prosperidad en California, y durante la Segunda Guerra Mundial más emigrantes fueron en busca de trabajo a las fábricas militares tomando la 66. Descatalogada en 1970, muchos tramos evolucionaron de diferente forma, según el criterio de cada estado, y aquellos segmentos pasaron a ser carreteras estatales, locales, privadas e incluso algunos desaparecieron sepultados bajo nuevas autopistas. Actualmente, seguir lo máximo posible el trazado original requiere de una planificación muy detallada, ya que no en todas partes se ha mantenido la denominación.

La cultura popular norteamericana mitificó esta ruta con obras de todo tipo. John Steinbeck, en su novela *Las uvas de la ira*, se refería a la Ruta 66 como «la carretera madre». También la canción *Get Your Kicks Route 66* fue uno de los grandes éxitos de Nat King Cole; hubo una serie de televisión de la década de 1960 que tenía como protagonista a un automóvil Corvette y convirtió a este modelo de General Motors en icono de la ruta, y la película *Bagdad Caf* (1987) y la de animación *Cars* (2006) homenajean la ruta histórica con escenarios y vehículos tradicionales. Estos son solo algunos de los muchos ejemplos con los que la música, el cine, la televisión y la literatura

han mitificado este recorrido sempiterno, pero, sin duda, la más influyente en la glorificación de la Ruta 66 fue la novela *On the road* (Jack Kerouack, 1957), la obra más trascendental de la generación beat y de su romántico modo de vida donde las aventuras, el jazz y las drogas constituyen la esencia de la vida.

Se trata de una ruta para los amantes de la cultura norteamericana en la que las referencias imperdonables son las famosas señales con el escudo 66 que nombran moteles, estaciones de servicio y todo tipo de instalaciones. Lo mismo sucede con el Cadillac Ranch en amarillo Texas, con sus coches clavados en la tierra y la población de Seelingman, entre otros guiños.

El viaje por la Ruta 66 se completa con las visitas al Gran Cañón y a Las Vegas, aunque la ruta original no pase por ellos directamente. Lo más habitual y cómodo es alquilar una moto (preferentemente una Harley Davidson) al principio y dejarla al final. Existen varias empresas especializadas tanto en rutas como en alquileres.

Creamy Root Beer
SHAKES
NIMART
DELI
LUNCH • SOUVENIRS
GOOD YEAR TIRES
TEXACO
MOTEL
ROUTE 66
GIFT SHOP
Route 66 Gift Shop
ROMNEY MOTEL

PIRELLI

RUTA NACIONAL 40 ARGENTINA

La Ruta Nacional 40, más conocida como Libertador General Don José de San Martín, es la carretera más larga y turística de Argentina. Une el sur del país, desde Cabo Vírgenes, en la provincia de Santa Cruz, con el norte, en La Quiaca, provincia de Jujuy, en el límite con Bolivia. La mayor parte de su trazado va en paralelo a la cordillera de los Andes. Alcanza los más interesantes rincones de sus regiones y atraviesa 21 parques nacionales, 18 importantes ríos y 27 pasos de montaña andinos, incluido el Abra del Acay, el cual, con sus 5095 m de altitud, es el más alto de América en una carretera abierta a todo el tráfico.

PROVINCIAS RECORRIDAS: Santa Cruz, Chubut, Río Negro, Neuquén, Mendoza, San Juan, La Rioja, Catamarca, Tucumán, Salta y Jujuy

DISTANCIA: 5194 km

DIFICULTAD: Media a alta, según el tramo, la estación del año y las condiciones climáticas

ÉPOCA RECOMENDADA:
- Norte: primavera y verano
- Centro: primavera y otoño
- Sur: verano austral

Esta ruta se encuentra pavimentada en la mayor parte de su recorrido, aunque algunos tramos presentan superficies de tierra o ripio, para los cuales existen vías alternativas por otras carreteras. El ripio son cantos rodados o piedras de río con las que se recubren las pistas de tierra, y su tamaño puede variar, ya que va desde el de una canica hasta el de una bola de billar.

El nivel de dificultad de esta ruta cambia mucho dependiendo del clima. Para realizar el tramo sur, se recomienda aprovechar el verano austral, que va de noviembre a marzo, aunque los vientos soplan con fuerza todo el año. En los tramos centrales los pasos de montaña pueden verse cortados por nevadas durante el invierno. En la región de Los Lagos y el Parque Nacional Los Alerces, la primavera y el otoño son las estaciones más bellas.

Hacer completa la Ruta Nacional 40 Argentina es un reto personal para todos los motoristas latinoamericanos. Lo común es comenzar por el norte e ir descontando los kilómetros hasta el inicio de la ruta, en Santa Cruz, y, por lo general, extender el viaje hasta Ushuaia.

El repertorio de paisajes por los que trascurre esta ruta es de lo más variopinto. Se transitan puntas de altura, fértiles valles, desiertos y pampas. Puntos de especial interés son, de norte a sur, los valles Calchaquíes, Los Cardones, Talampaya, la Pampa del Leoncito, Los Arrayanes, Los Alerces, la Patagonia y el glaciar Perito Moreno. La mayoría de estos escenarios naturales son atravesados por la ruta. Sin embargo otros requieren desvíos cortos como el Fitz Roy desde Tres Lagos hasta el Chaltén, Glaciar Perito Moreno desvío en El Calafate, o entrar en Chile por Cancha Carreras para visitar Torres del Paine.

Ruta del
Fin del Mundo
Monumento
al Viento
Circuito Baqueanos

CARRETERA DEL KARAKÓRUM (KKH)

Esta es la carretera de orografía más compleja de las grandes rutas del mundo. Su trazado recorre gran parte de los valles de los ríos Indo, Gilgit y Hunza, en la zona de confluencia de las más agrestes cordilleras del mundo: El Himalaya, Karakórum e Hindú Kush. La vía está sometida a continuos cortes y son frecuentes los terremotos y desprendimientos, los cuales provocan aludes que bloquean la carretera durante horas, días o semanas.

A lo largo de la KKH se encuentra el mayor desnivel terrestre entre el valle del Indo y la cima del Nanga Parbat; y en las cordilleras que la rodean se encuentran todos los picos del mundo que superan los 8000 m de altitud. El tráfico está prohibido durante la noche en todo el norte de Pakistán, y en muchos tramos se requiere, a veces, el acompañamiento o la escolta de patrullas militares armadas. Aquí son frecuentes los asaltos de grupos ta-

PAÍSES: Pakistán-China

DISTANCIA: 1300 km

DIFICULTAD: Extrema

ÉPOCA RECOMENDADA: Mayo, junio y septiembre

libanes insubordinados. Se trata de una ruta de verdadera aventura, incluso en las mejores circunstancias, y es extremadamente peligrosa en ocasiones.

Hacer la ruta completa entre Islamabad (Pakistán) y Kashgar (Xinjiang, China) requiere laboriosos y costosos trámites previos para entrar en China por el paso de Khunjerab (4693 m), pues el gobierno chino exige autorización previa, carnet de conducir chino y acompañamiento guiado por locales, todo tramitado con meses de antelación.

El tramo pakistaní es el más salvaje, orográficamente hablando, pues cuenta con largos tramos de tierra o piedra excavados en la roca, a unas decenas de metros por encima del caudaloso río Indo, y con paredes verticales de

piedra de cientos de metros hacia arriba. Equipos de trabajo con maquinaria pesada estacionados cada pocos kilómetros libran una continua batalla para mantener la ruta abierta durante los meses de verano.

En China, que tiene una orografía menos abrupta, la gran mayoría del tramo se encuentra asfaltada. El recorrido atraviesa el espectacular lago Karakuli y culmina en Kashgar, la perla de la Ruta de la Seda.

Es una ruta muy especial, un auténtico reto en todos los sentidos, reservada para verdaderos aventureros, con todo lo necesario para que se clasifique entre las más espectaculares y salvajes del mundo.

RUTA DE LA SEDA

La más larga de las legendarias rutas históricas y la más compleja debido a que implica atravesar varios países en dos continentes: Europa y Asia.

La Ruta de la Seda es el nombre que le dio, ya en el siglo XIX, el geógrafo Ferdinand Freiherr von Richthofen a esta ruta centenaria entre Oriente y Occidente. No es una ruta única, sino un sentido de circulación terrestre con dirección este-oeste entre China y Europa, el cual ha tomado muy diferentes trazados a lo largo de su milenaria historia.

PAÍSES RECORRIDOS: Italia, Eslovaquia, Hungría, Rumania, Bulgaria, Grecia, Turquía, Irán, Turkmenistán, Uzbekistán, Kirguistán y China

DISTANCIA: 12 000 km

DIFICULTAD: Alta

ÉPOCA RECOMENDADA: Primavera y otoño

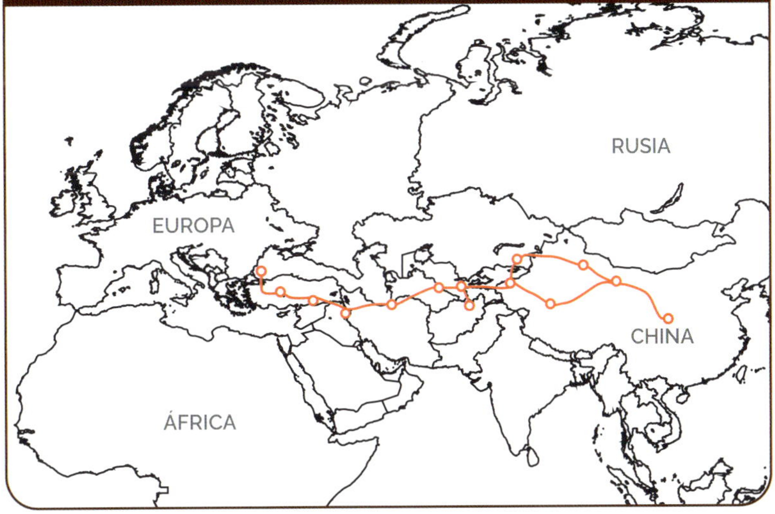

F800
GS

Aunque la seda le adjudicó su significativo nombre, pues era uno de los productos más valiosos con los que se traficaba en la Edad Media, esta ruta ya funcionaba desde el siglo I a. C. Su tránsito por ella propiciaba el comercio de todo tipo de materiales y, aún más importante, transportaba ideas y tecnologías.

En la actualidad, el trayecto más corto —tomando como punto de partida Venecia, por ser Marco Polo el más famoso de sus viajeros, y Xi'an, la antigua capital de China, su fin— cruza doce países. Sin embargo, en general, se entiende que cualquier trayecto que atraviese Asia Central en dirección a China, se puede llamar Ruta de la Seda.

Geográficamente, existen dos puntos de referencia clave que deben rodearse por el norte o por el sur: el mar Caspio (Asia Central) y el desierto de Taklamakán (China). La mayor complicación que se presenta en este viaje son las múltiples fronteras con sus correspondientes aduanas. Los documentos obligatorios para la importación de la moto pueden ser diferentes en cada país e incluyen desde la importación temporal hasta el carnet de pasaje de aduanas. En cualquiera de los casos, los visados y la paciencia en las fronteras son requisitos indispensables en esta ruta.

Se puede recorrer su totalidad por carreteras pavimentadas, pero también existen vías alternativas de tierra. Condición indispensable es manejar información precisa —en cada país y en cada tramo— relacionada con aspectos como la disponibilidad de combustible o las condiciones de seguridad en tiempo real.

Por último, viajar por China en una moto importada no es imposible, pero sí complicado, laborioso y caro. La Administración china, mediante su agencia de turismo oficial, debe aprobar el plan de viaje primero, y serán ellos quienes tramitarán el permiso de circulación y el carnet de conducir, ajustarán el recorrido y asignarán los hoteles en los que obligatoriamente habrá que pernoctar para evitar el tránsito por ciertas zonas. De igual manera, una exigencia de la Administración china es que el motociclista deberá llevar siempre un automóvil de acompañamiento con un conductor y un guía oficial.

Los paisajes predominantes en esta ruta son desérticos a partir de Irán y marcadamente montañosos en Kirguistán. Las escalas culturales fundamentales son Estambul, Bujará, Samarcanda, Taskent, Kashgar, Urumqi, Turpan, Xining, Lanzhou y Xi'an. La Ruta de la Seda es un reto para los motoviajeros más expertos.

TRANSPIRENAICA

Merecedora de los máximos calificativos por su variedad paisajística, su orografía, sus atractivos turístico-culturales, su estilo de carreteras y su escaso tráfico, posiblemente sea la ruta más interesante, distinta y amena que pueda recorrerse en Europa. Consta de tramos de rutas de tres países: España, Andorra y Francia.

De este a oeste, desde el cabo de Creus, en el Mediterráneo, donde hunden sus laderas los Pirineos más orientales, pronto empieza el desfile de paisajes variados e intereses monumentales hacia el interior. Ciudades y pueblos medievales donde castillos y monasterios se unen por sinuosas carreteras atrapadas entre bosques y volcanes. Se trata de la Cataluña medieval, concretamente de la provincia de Girona, que, además, esconde rincones de singular atractivo en la vecina provincia de Lleida. Valles exclusivos por su orientación este-oeste, como el de Arán, de características y hasta idioma propio; pasos de montaña fantásticos como la Bonaigüa o el recóndito Portillón, que conecta con Francia para descubrir sus balnearios. Es en el Pirineo francés donde se

COMUNIDADES: Cataluña, Aragón, Navarra y País Vasco

DISTANCIA: 1100 km

PRINCIPAL ATRACTIVO: Carreteras de montaña

ÉPOCA RECOMENDADA: Primavera avanzada, verano y otoño

suceden los pasos de montaña de mayor renombre gracias a la carrera ciclista Tour de Francia. Rincones míticos como Tourmalet, Aspín y el circo glaciar de Gavarnie se encuentran ubicados dentro del Parque Nacional de los Pirineos.

En la vertiente sur, en España, no menos bellas son las carreteras que pasan por las proximidades del Parque Nacional de Ordesa y Monte Perdido. Hacia el oeste se suceden los valles aragoneses, todos con personalidad propia, como los de Biescas, Canfranc, Hecho y Ansó, que se pueden ir enlazando para zurcir la ruta del Pirineo central.

Le sigue la Comunidad Foral de Navarra, que aporta a la ruta otro buen reportorio de valles, puertos de montaña memorables, praderías y pueblos con

caseríos que parecen salidos de la paleta de un pintor de paisajes. El verdor de praderas y bosques es aún más brillante debido a las intensas precipitaciones que llegan desde el ya próximo mar Cantábrico.

Excelentes miradores y una maravillosa gastronomía nos dejan Hondarribia y su faro de Higuer, que se considera el fin o el principio de la Transpirenaica en occidente. La mejor estación para disfrutar de esta ruta es la de la primavera avanzada, pues solo entonces están abiertos los pasos de montaña más altos. También son atractivos el verano y el comienzo del otoño, por sus múltiples colores. En resumen, una ruta inolvidable que atrapa, en la que puedes elegir entre múltiples opciones con la seguridad de que siempre acertarás.

MAE HONG SON LOOP

Una de las rutas de carretera asiáticas más bellas y adecuadas para disfrutar en moto es la de Mae Hong Son Loop. Esta ruta circular, con principio y fin en Chiang Mai, tiene un total de 600 km que, en un trazado sinuoso y bien asfaltado, recorren el norte de Tailandia.

Los alquileres de motos de todo tipo, incluidos los modelos de mediana y gran cilindrada de las principales marcas japonesas y europeas, son accesibles y económicos en Chiang Mai. En este lugar del mundo se puede montar durante todo el año, pero, aun así, conviene evitar la época del monzón (de junio a septiembre) debido a las lluvias, y hay que recordar siempre que la circulación es por la izquierda.

RECORRIDO: Tailandia

DISTANCIA: 600 km

DIFICULTAD: Media

ÉPOCA RECOMENDADA: Invierno, primavera y otoño

Esta ruta permite conocer bastantes de los pueblos y paisajes más notables del norte de Tailandia. Girando en el sentido de las agujas del reloj, el primer tramo es el que presenta más tráfico, hasta Mae Sariang. Hay una alternativa pasando por Doi Hintannon, la montaña más alta del país, y enlazando con la carretera 108 en Khun Yuam, que aún es más revirada y cuenta con carreteras más estrechas e interesantes. Desde Mae Sariang, enfilando el norte por la carretera 108, se suceden selvas, arrozales y pueblos en los que dorados templos budistas ponen la nota colorista.

Mae Hong Son ha de ser una de las paradas obligatorias. Su templo frente al lago, en el centro de la ciudad, ofrece una de las estampas más características de la Tailandia exótica que se imagina desde Occidente. Muy cerca, los poblados de las mujeres jirafa (refugiadas de Myanmar) también suelen ser un lugar de enorme atractivo.

De Mae Hong Son hasta Pai, a lo largo de las rutas 108 y 1095, se recorren casi 200 km de uno de los tramos más interesantes de todo el circuito. Curvas

continuas en un sube y baja incesante, con algunos tramos cortos, pero de fuerte pendiente, harán las delicias de cualquier aficionado a la ruta. Pai es uno de los hitos asiáticos para los jóvenes mochileros, pues cuenta con un ambiente internacional especialmente atractivo.

El círculo se cierra regresando a Chiang Mai por las rutas 1095 y 107. Este camino requiere una dedicación de, al menos, cuatro días, pero se recomienda extender la travesía hacia el norte para explorar las zonas fronterizas con Myanmar y Laos. Esta ampliación permite incluir una escala en el Triángulo de Oro, donde confluyen los tres países en el río Mekong, así como una visita a Chiang Rai y su célebre Templo Blanco.

La excelente gastronomía, la seguridad, la calidad de las carreteras y las motocicletas, junto con la amabilidad del pueblo tailandés y los precios accesibles para los turistas occidentales, son argumentos más que de sobra para disfrutar al máximo de esta ruta, sin duda uno de los destinos más llamativos de toda Asia.

CARRETERA PANAMERICANA

La Panamericana es un conjunto de carreteras que une casi todos los países de América. Es el recorrido más largo que se puede realizar por carretera sin cambiar de continente. Al unir los extremos norte y sur del continente, es necesario planificar el viaje de modo que se atraviesen los 50° de latitud norte y sur durante sus respectivas estaciones veraniegas.

El recorrido se puede hacer en su totalidad por tierra firme, a excepción de un tramo de unos 100 km ubicado entre Panamá y Colombia, donde se encuentra el denominado Tapón de Darién, una densa jungla que no tiene ningún paso para vehículos y donde la motocicleta y los pasajeros deben transportarse en barco o en avión. La totalidad de la ruta fue concebida en la V Conferencia de los Estados Americanos, allá por el año 1925.

De norte a sur, se inicia en Prudhoe Bay, al norte de Alaska. Este tramo, enclavado entre Fairbanks y Prudhoe, es una de las rutas más extremas de Norteamé-

PAÍSES RECORRIDOS: Canadá, Estados Unidos (incluida Alaska), México, Guatemala, El Salvador, Honduras, Nicaragua, Costa Rica, Panamá, Colombia, Venezuela, Ecuador, Perú, Bolivia, Paraguay, Brasil, Uruguay, Argentina y Chile

DISTANCIA: 25 800 km

DIFICULTAD: Alta, media o baja, según el tramo

ÉPOCA RECOMENDADA: Verano boreal y verano austral

rica y puede considerarse un reto con identidad propia. A continuación, resulta muy sencilla la travesía que pasa por Canadá y los estados norteamericanos de Washington, Oregón, Nevada, Arizona, Nuevo México y Texas. Se considera que la ruta Panamericana original transcurre por Calgary, Denver, Alburquerque y San Antonio. La ruta atraviesa la totalidad de México por su centro, y dos de los puntos de referencia fundamentales son la ciudad de Monterrey y el DF.

En cuanto a Centroamérica, el paso por cada una de sus capitales es obligatorio, pero también se atravesará una gran cantidad de puntos de interés de las culturas azteca y maya, aparte de otras muy interesantes ciudades coloniales y parques naturales que se encontrarán a ambos lados de la ruta principal.

Una vez en Sudamérica, se recomienda empezar por Colombia, donde los Andes ofrecen preciosas rutas por sierras, valles y volcanes. En Venezuela, la carretera Panamericana atraviesa principalmente la región centro norte del país y ofrece una variedad de escenarios tanto geográficos como urbanos y culturales, pero en la actualidad (2024), a lo largo de la vía, hay gran cantidad de controles policiales y militares, y dificultades para el repostaje de combustible. En Ecuador la Panamericana pasa por el monumento de la Mitad del Mundo y por Quito, y sigue por la llamada avenida de los Volcanes; mientras que en Perú atraviesa toda la costa, característica por sus paisajes desérticos. Un ramal de la Panamericana se desvía de la costa peruana a la altura de Camaná y se interna hacia el interior, atravesando Arequipa, Puno y el lago Titicaca, hasta ingresar en Bolivia por Desaguadero. Desde allí continúa por La Paz, Oruro y Uyuni hasta llegar a la costa chilena por Calama y Antofagasta. En Chile avanza por toda la costa hasta Valparaíso y Santiago, donde busca el interior para cruzar los Andes, pasar a Argentina a través del Paso de los Descubridores y viajar hasta Buenos Aires. Desde la capital hasta el sur, la Panamericana aborda la costa Atlántica por Bahía Blanca, Comodoro, Rivadavia y Río Gallegos.

El último tramo, en Tierra del Fuego, entra en Chile y vuelve a Argentina para acabar en Ushuaia. Se recomienda dedicar, al menos, un año y medio para hacer esta ruta, que tiene infinitas alternativas y desvíos a puntos de gran interés turístico.

Ruta del
Desierto
Quebrada De Jeré
Desierto y Arqueología

RUTA VÍA DE LA PLATA

De sur a norte por el occidente de España, la ruta Vía de la Plata enlaza muy diferentes paisajes y un completo catálogo histórico monumental, que incluye a varias de las ciudades más interesantes y bellas de España, catalogadas como Patrimonio de la Humanidad.

La ruta comienza en Sevilla y acaba en Gijón. Su nombre procede de la evolución de la palabra *balath* ('pavimento'), que pasó a pronunciarse «balata», «blata» y, finalmente, «plata», aunque resulta mucho más romántico creer que su nombre se debe a que era la ruta que seguía la plata que venía de América a Sevilla, en el siglo XVI, en los galeones, y después en carros por tierra hasta Gijón, por el occidente de España.

Sigue en la mayor parte de su recorrido la N-630, que corre paralela, a veces como vía de servicio de la autovía A-66, también conocida como autovía Ruta de la Plata.

COMUNIDADES: Andalucía, Extremadura, Castilla y León, y Asturias

DISTANCIA: 800 km

PRINCIPAL ATRACTIVO: Ciudades y pueblos monumentales

MEJORES ESTACIONES: Primavera, otoño e invierno

Sevilla es una ciudad de referencia para el arte, la historia y el estilo de vida andaluz, y posee características reconocidas y admiradas internacionalmente, con el flamenco como baluarte y primera referencia del rico patrimonio universal de que dispone esta ruta.

A pocos kilómetros encontramos el yacimiento arqueológico de Itálica, destacado testimonio del pasado romano de esta ruta fundamental, construido durante la época del imperio, dos mil años atrás. Para salir de Andalucía, las lomas de Sierra Morena se visten de dehesa, con sus encinas y sus cerdos ibéricos que vagan por las fincas.

Extremadura y su provincia de Badajoz muestran uno de los paisajes más planos de toda la ruta. Monesterio, Villafranca de los Barros y Almendralejo son grandes pueblos extremeños —cuna de célebres exploradores de las Américas— que dan paso a Mérida, la ciudad más importante de la Hispania occidental. La actual capital política de Extremadura, declarada Patrimonio de la Humanidad por la Unesco, nos muestra, con su teatro, su anfiteatro, su acueducto, su puente y

otros muchos restos monumentales, la importancia que tuvo esta urbe durante la época imperial romana. Su verdadera magnitud se puede apreciar plenamente en el Museo Nacional de Arte Romano, y, durante los veranos, el teatro de Mérida sigue ofreciendo obras musicales y teatrales en su inolvidable escenario.

De Mérida pasamos a Cáceres, cuya capital homónima también es Patrimonio de la Humanidad, en este caso por su centro histórico medieval perfectamente conservado y restaurado, donde la imaginación pronto comienza a dibujar damas y caballeros, y duelos y amoríos cantados por juglares y romanceros.

Hacia el norte la N-630 se separa de la autovía para cruzar el río Tajo y descubrir los restos de los muchos puentes que se fueron construyendo durante siglos para superar los arroyos cacereños hasta alcanzar Plasencia. La llamada «perla del valle del Jerte» ha sido propuesta también para entrar en el catálogo mundial de enclaves Patrimonio de la Humanidad, y es que argumentos no le faltan. Dos catedrales, palacios, casonas, callejuelas, iglesias y un rico folklore son algunos de los hermosos elementos que la conforman.

Comienza aquí el viaje por el valle del Jerte, un singular mundo verde en el norte de Extremadura que sorprende especialmente durante la floración de los cerezos —que ocurre entre finales de marzo y principios de abril—, los cuales cubren de blanco las laderas de este espacio natural con microclima propio. Remontando la cabecera del valle, encontramos Hervás, un pueblo que alberga un memorable barrio judío con un interesante Museo de la Moto Clásica, y, más arriba, Baños de Montemayor y las curvas de Puerto de Béjar, que da entrada a Salamanca.

Hacia el norte hallamos el campo charro, con sus dehesas y secaderos de jamones ibéricos, como en Guijuelo, que llevan hasta Salamanca, otra de las ciudades declaradas Patrimonio de la Humanidad por su grandioso catálogo monumental, con la plaza Mayor como mejor representante, y donde se respira un divertido ambiente juvenil todo el año debido a la amplia comunidad internacional que cursa estudios en sus universidades.

De Salamanca a Zamora, nos desplazamos por tierra de vides y trigos, y, por tanto, de vinos y panes. Zamora es una ciudad monumental castellana a orillas del río Duero. Sus calles nos cuentan mil batallas medievales que ocurrieron a lo largo de sus murallas. Hacia el norte se suceden los recios pueblos castellanos hasta Benavente, cruce de caminos en la ruta hacia León. El barrio húmedo, junto a la catedral con las vidrieras más impresionantes de España, la casa Botines de Gaudí y el hostal San Marcos (hoy Parador Nacional) son solo tres de los grandes monumentos de esta capital de reino medieval.

En el norte se encrespan las montañas de la cordillera Cantábrica, que se cruza por el afamado y pendiente puerto de Pajares. En el descenso nos topamos con Asturias; la ruta transcurre por algunos paisajes industriales y naturales que dan hacia el mar, en Gijón, en cuya excelente playa acaba la Ruta de la Plata.

Solo citar las principales referencias de esta ruta llenaría páginas de variadas descripciones. Disfrutarla en moto llenará días de inolvidables emociones.

PIRELLI

CARRETERA AUSTRAL DE CHILE

Paisajísticamente, es una de las rutas más bonitas de América debido a la variedad de sus escenarios naturales. Se considera carretera austral la ruta N-7 que va desde Puerto Montt hasta Villa O´Higgins, con su último tramo que se inicia en el lago General Carreras y se queda sin salida al internarse entre la cordillera andina y el campo de hielo patagónico.

Atrapada en un espeso bosque de alerces andinos, la carretera es estrecha y se encuentra parcialmente asfaltada, pues tiene eventuales tramos de ripio por obras, lo que se repite a lo largo de todo el recorrido. Los pasos por los parques nacionales son tramos sin pavimentar, pero bien mantenidos, aunque pueden presentar regueros tras el invierno o las lluvias frecuentes en estas latitudes.

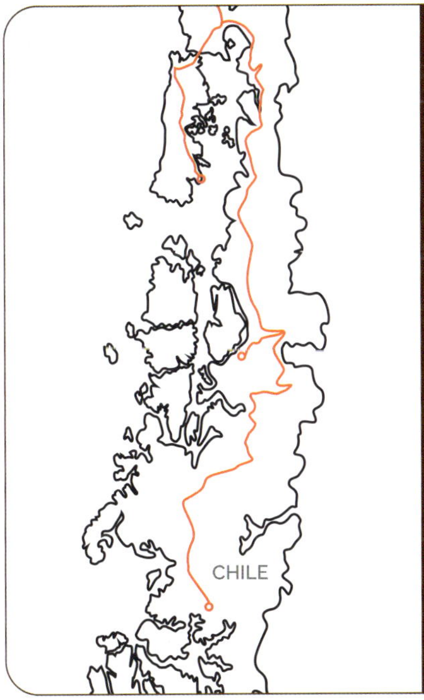

PAÍS: Chile

DISTANCIA: 1260 km

DIFICULTAD: Media

ÉPOCA RECOMENDADA: Verano austral

Comenzando el trayecto en Puerto Montt, pronto debe tomarse el primer ferri de corto recorrido, entre Caleta La Arena y Caleta Puelche. Bosques y fiordos acompañan el camino hacia el sur por la zona donde las cimas más altas de los Andes se aproximan al Pacífico. Es la parte más estrecha de Chile, con apenas 20 km entre la costa y la frontera con Argentina, aunque la singular isla de Chiloé ensancha el territorio chileno en esta zona.

Pasando Hornopiren, se encuentran otros dos ferris. Uno largo entre Refugio Pichanco y Leptepu y, 10 km más adelante, otro muy corto hasta Caleta Gonzalo. Los fiordos, los bosques y las cimas nevadas a muy poca distancia componen cuadros de un fantástico atractivo visual. Continúa un largo tramo muy hermoso, donde no se sabe si el agua que se observa es de lago o de fiordo.

Chaiten, Puerto Cardenas, Futalefu, donde hay una de las pocas pistas de salida hacia Argentina con paso fronterizo internacional, Vista Hermosa y Puyuhuapi, con sus termas, son las referencias de la austral hacia el sur. Es importante reservar con antelación en los pequeños hoteles de la ruta y tener

presente que esta se aleja de la costa para pasar por uno de los pocos pueblos grandes: Coyaique.

A continuación, se muestra un terreno más plano que atraviesa el valle del río Ibáñez. La siguiente referencia fundamental es el lago General Carreras, compartido con Argentina, donde recibe el nombre de Lago Argentino. Rodeando el lago por su margen norte, se encuentra una pista de ripio exigente, mientras que por el sur, sobre una ruta asfaltada, se ubican las localidades de Chile Chico y Los Antiguos, conectadas por el paso fronterizo más austral de la Ruta Austral.

Desde Hacienda Tres Lagos, en Aldana, y el cruce con la 265 que lleva a Argentina hasta Villa O'Higuins, hay 300 km espectaculares con pistas de montaña, lagos, fiordos y bosques. Aquí acaba la ruta Austral y la salida terrestre solo puede realizarse por el mismo camino de vuelta.

La carretera austral chilena es una de las carreteras míticas que impresionan a cualquier viajero por su incomparable belleza natural.

TRANSALPINA

La más afamadas internacionalmente de las rutas mototurísticas europeas son las que transitan por los Alpes, en el corazón de Europa. El verano es la estación más adecuada para realizarlas en lo que al clima se refiere, pero también es la época que sufre mayor tránsito circulatorio, por lo que son frecuentes los atascos o la circulación muy lenta con retenciones en algunos tramos.

No hay una ruta específica que pueda ser considerada la principal, y lo normal es hacer la ruta oeste-este enlazando diferentes valles de Francia e Italia y pasando por los pasos de montaña para seguir trenzando las fronteras con Suiza-Italia y Austria. En toda travesía se ubican algunos de los pasos míticos y tramos especialmente afamados. Empezando en Francia, se puede pasar a Italia por el puerto del Pettit Saint Bernad desde Alberville o, desde Chamonix, por el túnel Mont Blanc, pues ambos llevan al italiano valle de Aosta.

PAÍSES: Francia, Italia, Suiza, Austria

DISTANCIA: 1400 km

DIFICULTAD: Media

ÉPOCA RECOMENDADA: Finales primavera, verano, otoño temprano

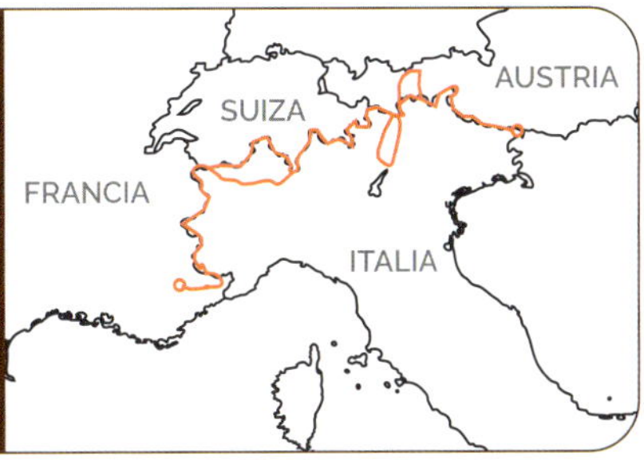

El primer paso hacia Suiza es el Gran San Bernardo, y desde Martigny la carretera 9 suiza corre paralelamente a las más altas cimas. Se pueden elegir varias ascensiones hacia afamadas pistas de esquí, pero al motorista no debe faltarle rodear algunos de los lagos, tan famosos como el de Lugano y el de Como, que se perfila para entrar por Sondrio en la ascensión al Stelvio. La ascensión desde el sur es más sencilla y desde la cima se puede disfrutar de la famosa vista de sus 47 horquillas numeradas. Tras el descenso, continuando por el valle del Adigio y tomando la SS38 hasta Merano, se vuelve a ascender por el paso de Rombo y Timmelsjoch para entrar en Austria y encontrar el museo de motos Top Mountain. Después, Insbruck y regreso a Italia, para rodear los impresionantes Dolomitas de Brenta en las proximidades de Trento.

Esta ruta indicada es solo una opción de entre los muchos trazados alpinos posibles. Lo de gozar antes y durante el viaje preparando cada día los siguientes tramos es otro de los grandes regalos de esta carismática ruta europea.

Muchos expertos moteros pernoctan varias noches en un hotel o camping en algún valle del centro de los Alpes y realizan rutas circulares de varios días. Hay gran cantidad de hoteles *biker friendly*, especialmente en Italia, que es el país que ofrece la más detallada y actualizada información sobre las carreteras alpinas y sus pistas transitables para motos trail. Es una ruta de múltiples opciones que figura ente los viajes mas deseados de cualquier motero.

Ordenados según su fecha de nacimiento, enumeramos pilotos de competición que por su trayectoria y personalidad se convirtieron en leyendas; y no solo por la cantidad y calidad de sus triunfos internacionales a título individual, también por su influencia y popularidad entre los aficionados. Predominan los pilotos de velocidad en circuito, pero se incluyen referentes mundiales en competiciones *off road*. Todos dejaron su huella indeleble en el corazón de los aficionados al motociclismo.

PILOTOS LEGENDARIOS

REPSOL
Red Bull
SHOEI
BABY CHAMP
ON BOARD
REPSOL
GAS
HRC
REPSOL
HONDA
BATTLAX

JOHN SURTEES

(HIJO DEL VIENTO)

NACIMIENTO: Tatsfield, Surrey (Inglaterra), 11 de febrero de 1934

FALLECIMIENTO: Tooting, Londres, 10 de marzo de 2017

PALMARÉS:
- 4 títulos de 500 cc
- 3 títulos de 350 cc
- 1 título de Campeón del Mundo de Fórmula 1

DESTACABLE POR: Único piloto en la historia en ganar campeonatos en las máximas categorías del motociclismo y del automovilismo

Empezó a correr a los quince años en competiciones de hierba. Influenciado por su padre, quien también le enseñó mecánica de motos, entró a trabajar en la fábrica Vincent. Surtees obtuvo su primera victoria en el campeonato del mundo de 1954 con una NSU 250. Al año siguiente se vio incluido en el equipo oficial de Norton y, en 1956, fichó por MV Augusta, con la que consiguió el mundial en la clase 500 cc. Tras un año de sequía, logró alcanzar los títulos mundiales de 350 y 500 cc en 1958, 1959 y 1960, y logró obtener un total de 38 victorias en 51 carreras. El reglamento permitía correr en varias categorías en el mismo gran premio y, durante tres años consecutivos, Surtees fue el rey de las grandes cilindradas.

En 1960 empezó a correr automóviles de Fórmula 1 con el equipo Lotus en el Gran Premio de Mónaco, y ya en su segunda carrera, en Silverstone, consiguió la segunda plaza. En 1962, compitiendo contra leyendas de la Fórmula 1 como Graham Hill, Jim Clark y Bruce McLaren, quedó en cuarta posición en el campeonato. Fichado por Ferrari y con la simpatía del público italiano por haber sido campeón con una motocicleta nacional, la MV Agusta, volvió a quedar cuarto en el mundial del año 1963. Al año siguiente, la lucha entre Jim Clark, Graham Hill y John Surtees estuvo muy equilibrada. Cada uno ganó dos grandes premios y, en la última prueba en México, Surtees acabó segundo; Hill, en el primer lugar, y Clark, retirado por rotura en la penúltima vuelta. En 1965, durante una sesión de entrenamiento en Mosport Park a bordo de un Lola T-70, sufrió un grave accidente que marcaría un punto de inflexión en su carrera deportiva, la cual, no obstante, aún se prolongó con marcas como Cooper y Honda.

El Hijo del Viento falleció a la edad de ochenta y tres años, y pasó a la historia como el único piloto vencedor de campeonatos del mundo de velocidad en las máximas categorías de motociclismo y automovilismo.

SHELL
LUCAS

NACIMIENTO: Great Milton, Oxfordshire (Inglaterra), 2 de abril de 1940

FALLECIMIENTO: Warwickshire, Birmingham, 23 de marzo de 1981

PALMARÉS:
- 9 campeonatos del mundo de motociclismo
- 14 victorias en el Tourist Trophy de la Isla de Man

DESTACABLE POR: Talento y técnica excepcionales para pilotar con rapidez y seguridad cualquier tipo de motocicleta

MIKE HAILWOOD

(MIKE THE BIKE)

Stanley Michael Bailey Hailwood, un joven proveniente del seno de una familia acomodada ligada a la automoción, trabajó desde muy temprana edad en Triumph y destacó por su versatilidad. Siempre demostró su capacidad para ganar, y en una misma mañana obtuvo tres grandes premios, en tres categorías diferentes. En solo seis años en activo consiguió 9 mundiales, 76 victorias en grandes premios y 14 triunfos en diferentes categorías del Tourist Trophy de la Isla de Man. En 1961 protagonizó una hazaña histórica al imponerse en las categorías de 125 y 250 cc con Honda, y en 500 cc sobre una Norton Manx monocilíndrica. Además, superó la media de 100 millas por hora, y dejó al descubierto su virtuosismo a la hora de pilotar cualquier tipo de motocicleta de carreras.

Sus principales rivales fueron Giacomo Agostini, Phil Read, Redman, Surtees, Gary Hocking... todos campeones del mundo. Compitió con motos de múltiples marcas y de todas las cilindradas, entre las que destacan NSU, MV Agusta, Norton, Ducati, AJS, Honda, Yamaha, Bianchi y MZ.

En 1965, también en la Isla de Man, llevó a cabo una de las conquistas deportivas más memorables. En la segunda vuelta de la carrera, Mike the Bike sufrió una caída por una mancha de aceite justo cuando iba el primero. Tras ella, consiguió arrancar la moto, la cual muy maltrecha llevó hasta boxes, donde enderezaron lo que pudieron y continuó la última vuelta con la moto muy dañada. Sin embargo, aun así consiguió vencer en la prueba y fue el que menos tiempo invirtió en las tres vueltas al circuito más peligroso del mundo. Fue allí donde consolidó su sobrenombre y se popularizó el lema que después lució en sus motos y furgones: «Por amor al deporte».

Tras la retirada de Honda del Mundial de Motociclismo, Mike Hailwood se alejó durante diez años de la competición y regreso, con 38 años y una Ducati, para volver a vencer superando a todos los jóvenes pilotos. Su leyenda se confirmaba para siempre.

Arai
M.HAILWOOD
HONDA
19

LADIATORS
F THE RACE
MIKE
HAILWOOD
46 D 11 H 49 M 2 S
DUNLOP
DUNLOP

MIKE
Castrol
SEIKO
CHAMPION
DUNLOP

NACIMIENTO: Brescia, Italia, 16 de junio de 1942

PALMARÉS:
- 15 campeonatos del mundo
- 122 victorias

DESTACABLE POR: Figura de referencia universal para pilotos y aficionados al motociclismo de velocidad durante décadas

GIACOMO AGOSTINI

(AGO)

Agostini es el piloto con más títulos de campeón del mundo de velocidad. Acumuló 54 victorias en 350 cc, 68 en 500 cc, y conquistó 10 ediciones del Tourist Trophy en la Isla de Man. Su primer mundial lo obtuvo en 1966 con una MV Agusta en la categoría 500 cc. Entre 1968 y 1972 dominó por completo las dos máximas categorías, y logró sumar 10 títulos consecutivos en cinco temporadas.

Tras la muerte de su amigo Gilberto Parlotti en el Tourist Trophy de 1972, Agostini anunció que no volvería a correr en la peligrosa Isla de Man, demasiado insegura para la competición. Aun siendo aquella la carrera más prestigiosa, se retiró del calendario puntuable para el mundial de 1977.

En 1974 fichó por Yamaha y con una motocicleta de dos tiempos ganó el mundial de 350 cc y las 200 millas de Daytona, lo que dio comienzo al dominio de los motores de dos tiempos en el mundial. En 1975 ganó en la máxima categoría de 500 cc por primera vez en la historia del mundial con una moto de dos tiempos. Pese a ello, en 1976 eligió una MV Agusta para conseguir la que sería su última victoria en un gran premio, esta vez en el circuito de Nürburgring.

Se retiró de la competición en 1977, tras lograr un sexto puesto en la clasificación general de 500 cc. Sin embargo, Ago —como se le conoce en el mundo del motociclismo— siempre ha permanecido ligado al deporte. Primero, como jefe de varios equipos, y, después, como presencia habitual en todo tipo de eventos de motociclistas.

Se le considera la persona más legendaria y respetada por todos los integrantes del mundial desde hace cinco décadas. Tiene su museo en Bérgamo, el cual solo se puede visitar con una invitación previa y en grupos de ocho personas. Además, la entrada incluye hotel y cena con Agostini. Este piloto legendario publicó una autobiografía titulada *Fifteen Times*.

AGUSTA
1

ASZ TM 812
1
DAINESE
MICHELIN
CHAMPION
MOTO TV

AGUSTA
1

api
MICHELIN

ÁNGEL NIETO

(EL MAESTRO)

NACIMIENTO: Zamora (España), 25 de enero de 1947

FALLECIMIENTO: Santa Eulalia del Río, Ibiza (España), 3 de agosto de 2017

PALMARÉS:

- *Doce más uno* títulos mundiales en las categorías de 50 cc y 125 cc.

DESTACABLE POR: Carismático campeón mundial, pionero del motociclismo español y maestro de pilotos

Ángel Nieto es el piloto español que situó al motociclismo como deporte de interés masivo en España, con los títulos mundiales que obtuvo en la década de 1970. Creador de una legión de seguidores, involucró a pilotos, instituciones y marcas comerciales, y consiguió colocar a España como referente mundial del motociclismo a finales de la década de 1980.

El Maestro, como se le conoce popularmente, es el tercer piloto con más victorias de la historia. Cuenta con 90 triunfos y 139 podios, y solo es superado por Agostini y Rossi. Compitió en el mundial desde 1964 hasta 1986, en las categorías de 50, 80, 125 y 250 cc, y en una carrera en el Circuito del Jarama, en el año 1982, con una Honda 500. Utilizó para competir 11 marcas de motocicletas: Derbi, Morbidelli, Bridgestone, Kreidler, Bultaco, Minarelli, Yamaha, Siroko, Honda, Garelli y MBA.Supersticioso como era, no citaba nunca el número 13, e hizo del 12+1 un hábito entre todos los motoristas, incluso así es como firmaba sus autógrafos.

Nieto falleció como consecuencia de un desafortunado accidente mientras conducía un quad en su querida isla de Ibiza, donde un mural hoy le rinde homenaje. Querido y admirado por toda la afición, su despedida en Madrid —con ruta en moto desde el estadio Santiago Bernabéu por el Paseo de la Castellana y hasta el Circuito del Jarama— ha sido la mayor reunión de motos de la historia de España.

Tras su fallecimiento, se publicaron dos interesantes libros: *Ángel Nieto. Las curvas de la vida*, de su amigo y mentor Tomás Díaz Valdés (1941-2020), y *Ángel Nieto. Vida y éxitos de nuestro mejor piloto*, de Juan Pedro de la Torre y Pepe Burgaleta. El Maestro fue, además de un piloto excelente y listo, un emprendedor incansable, y un brillante comunicador y jefe de equipo. Situó las motos en España al máximo nivel de reconocimiento deportivo y social.

DERBI
1

SUZUKI
BARRY

GARELLI
TOTAL
MICHELIN

DERBI

DERBI

DERBI
30
PHILISHAVE

HELMETS
agv
PLASTIC
SCREEN
PROFILAUTO
CIBIE
REPSOL
COMPETICION
CHAMPION

BARRY SHEENE

(BIONIC MAN)

NACIMIENTO: Londres (Inglaterra), 11 de septiembre de 1950

FALLECIMIENTO: Queensland (Australia), 10 de marzo de 2003

PALMARÉS:
- Campeón del mundo en la categoría de 500 cc en 1976 y 1977

DESTACABLE POR: Piloto carismático, irreverente y audaz, símbolo del motociclismo británico de los años setenta del siglo XX

Heredero de una familia motorista, Barry fue el piloto que transformó el motociclismo en un espectáculo global. Lo que había sido un deporte minoritario, reservado a los conocedores, gracias a su carisma se convirtió en una espectáculo fresco y divertido seguido por el público general y, en especial, por los jóvenes. Pionero en conseguir importantes ingresos económicos como profesional al ser un ídolo de masas que atraía a los patrocinadores, conquistó a los aficionados con sus sonrisas y gestos. El número 7 en el carenado y el Pato Donald en el casco fueron dos de sus señas de identidad mundialmente reconocidas. Con su característico gesto de la mano en forma de V de victoria, popularizó el saludo que se convertiría en símbolo internacional de camaradería entre motoristas.

Barry Sheene empezó corriendo con Bultaco en la categoría de 125 cc ayudado por Paco Bultó, y fue rival y gran amigo de Ángel Nieto. Asociado a la marca Suzuki, también compitió con Yamaha y tuvo dos importantes accidentes que marcaron su vida. En 1975, en el circuito de Daytona, a 270 km/h, se le reventó un neumático. Tras meses de hospital, regresó a las pistas con igual arrojo, determinación y sonrisa. Ganó los mundiales de la máxima categoría en los años 1976 y 1977.

En 1978 Yamaha trajo de Estados Unidos a un piloto frío y calculador pero muy rápido, Kenny Roberts, y sus duelos en la pista y ante la prensa hicieron crecer la admiración y el cariño hacia el inglés más espontáneo y carismático.

Bionic Man pasó al equipo Yamaha para ayudar al Marciano Kenny Roberts, que se mostraba intratable, y en un entrenamiento en Silverstone, en 1982, sufrió otro grave accidente al encontrarse en una curva ciega a un piloto caído. Las radiografías de sus piernas llenas de tornillos y placas y las declaraciones de los médicos, que ni tan siquiera pensaban que pudiera volver a caminar, impactaron a la afición, que lo dio por retirado definitivamente. Sin embargo, volvió a recuperarse, compitiendo contra los americanos Robert y Lawson hasta su retirada en 1985.

62
CHAMPION
DUNLOP
62

7

42
DERBI
42

15
SUZUKI

BP
HONDA
SUZUKI
12

8
1
7

KEVIN SCHWANTZ

(PAJARITO)

NACIMIENTO: Houston, Texas (Estados Unidos), 19 de junio de 1964

PALMARÉS:
- Campeón del mundo en la categoría de 500 cc en 1993
- 25 victorias y 51 podios en grandes premios

DESTACABLE POR: Estilo de pilotaje agresivo, carismático y espectacular, que lo convirtió en uno de los ídolos más populares del motociclismo de la década de 1990

Este piloto norteamericano solo consiguió un título de campeón en 1993 y dos subcampeonatos en la categoría de 500 cc, pero cautivó a la afición mundial con su estilo singular, sus increíbles frenadas y su carácter abierto.

Proveniente de una familia de motoristas, su padre tenía un concesionario y empezó a competir con solo diez años de edad, y no tardó en participar en los campeonatos AMA. Debutó en el campeonato del mundo en 1988 con una victoria en Suzuka, pero fue su compatriota Wayne Rainey quien acumuló más títulos en aquella época: 3 campeonatos y 24 victorias. Schwantz, en cambio, logró un único título mundial, aunque sumó 25 triunfos en grandes premios.

Sin espectaculares resultados, la imagen del tejano y sus largas piernas sobresaliendo de la Suzuki hacían vibrar a la afición. Su Suzuki RG500 de cuatro cilindros y motor de dos tiempos, pintada con los colores de Pepsi y Lucky Strike, aunque menos competitiva que las de la sus rivales, era considerada de las más bonitas. El año en que su amigo y rival Wayne Rainey sufrió el accidente que lo dejó en una silla de ruedas (1993), fue cuando Kevin conquistó su único título mundial. Aquel episodio marcó al piloto, que comenzó a plantearse la retirada que se formalizó en 1995.

Entre las anécdotas más destacadas de su trayectoria, se encuentra su célebre frase: «Cuando veo a Dios, sé que es el momento de frenar». Otro episodio emblemático fue cuando, tras una caída provocada por una mancha de aceite, tomó la bandera a franjas rojas y amarillas (indicativa de pista deslizante) y comenzó a advertir personalmente a los demás pilotos. Como reconocimiento a su legado, la Federación Internacional retiró su número tradicional, el 34, que utilizó durante toda su carrera salvo en 1994, cuando llevó el número 1 como campeón vigente.

Fue la afición española la que le puso el sobrenombre de *Pajarito*. Ya con cincuenta años, participó en las 8 Horas de Suzuka y quedó en tercera posición. Hoy tiene una escuela de conducción.

GoPro
Taichi
SUZUKI
T+TISSOT
Estrella Galicia 0,0
TOTAL

34

TEAM SUZUKI
SUZUKI
1
RGV
KAYABA
Mirror
TEAM SUZUKI
MOTUL
MICHELIN
SUZUKI

34
LUCKY STRIKE
Arai
MOTUL
DAINESE

34
SUZUKI
PEPSI
SUZUKI

NACIMIENTO: Échenoz-la-Méline, Vesoul, Francia 6 de agosto de 1965

PALMARÉS: 6 victorias en moto y 8 en automóviles en el Rally Dakar

DESTACABLE POR: El piloto más laureado del *rally* más duro del mundo y competiciones *off road*

STEPHAN PETERHANSEL

(MONSIEUR DAKAR)

Monsieur Dakar (Señor Dakar), Peterhansel, es el piloto de *rallies* más completo de la historia, con victorias en motos y automóviles en el considerado *rally* más duro del mundo y otras muchas competiciones *off road*.

Se proclamó campeón del Dakar en los tres continentes donde se ha celebrado (África, América y Asia), pero también en otras pruebas del mundial de Enduro en 2 ocasiones (1997 y 2001), 11 veces el campeonato nacional de enduro francés además de otras muchas prestigiosas pruebas internacionales.

En 1988, con una Yamaha YZE750 preparada por Motor France, tuvo su primera participación venciendo en una etapa. Con Yamaha dominó durante la década de los 90, y ganó en los años 1991, 1992, 1993, 1995 y 1998, con un total de 33 victorias de etapa. En automóviles ganó con Mitsubishi, Peugeot y Mini en los años 2004, 2005, 2007, 2012, 2013, 2016 2017 y 2021, y aún puede conseguir más victorias.

En 2025 no participo en el Dakar donde había corrido ininterrumpidamente durante 36 años. Argumentó entre otras cuestiones que el Dakar actual es más complejo por los métodos para decidir el orden de salida. Este mismo año compitió en moto en el *rally* África Eco Race en la categoría Raid, acompañando a clientes de Yamaha, su marca de siempre.

EUROMASTER 98
1 SP
YAMAHA
S. Peterhansel
YAMAHA
Motor France
Mobil 1
MICHELIN
ASSURANCE moto verte

80

YAMAHA
Motor France
TOTAL
1
SP

ARGENTINA
BOLIVIA
2016
TOTAL
TOTAL
MICHELIN
ZENITH
PEUGEOT SPORT

TOTAL

VALENTINO ROSSI

(IL DOTTORE)

NACIMIENTO: Urbino, Italia, 16 de febrero de 1979

PALMARÉS: 9 títulos mundiales en cuatro categorías:

- 125 cc (1997)
- 250 cc (1999)
- 500 cc (2001)
- MotoGP (2002, 2003, 2004, 2005, 2008 y 2009)

DESTACABLE POR: Carisma inigualable, capacidad de convocatoria global y generador de espectáculo

El más carismático y popular de los pilotos de motocicletas. Su influencia, fama y reconocimiento en todo el mundo supusieron la explosión del seguimiento del deporte de la moto en todo el planeta. Además de su calidad innegable como piloto de competición, fueron sus dotes para arrastrar masas de seguidores y su exitosa visión del *marketing* publicitario lo que lo convirtieron en el más admirado de los pilotos en los cinco continentes.

En su palmarés destacan 9 títulos en las categorías de 125 cc, 250 cc, 500 cc y MotoGP, conseguidos con dos marcas de motocicletas diferentes, Honda y Yamaha, y cinco modelos distintos: Honda 500 de dos tiempos, Honda 990, Yamaha 990, Yamaha 800 y Yamaha 1000, todas ellas de cuatro tiempos.

Es el piloto con más podios de la historia del motociclismo de velocidad, en total 235. Sus celebraciones tras ganar carreras marcaron un estilo propio y una senda que han seguido muchos pilotos. Sus enfrentamientos con el resto de los pilotos con los que competía, tanto en la pista como en las ruedas de prensa, también ayudaron a fomentar al ídolo de masas y a engrandecer a sus rivales: Max Biaggi, Casey Stoner, Sete Gibernau, Dani Pedrosa, Jorge Lorenzo y Marc Márquez. El suceso más polémico de su trayectoria tuvo lugar en le circuito de Malasia en el año 2015 con una "supuesta patada" que acabo con Marc Márquez en el suelo y dividió fuertemente a los aficionados. Sancionado con tres puntos y a salir último en la prueba final en Valencia, le condicionó no poder alcanzar el título de campeón del mundo en esta temporada que gano Jorge Lorenzo.

Este piloto hoy en día permanece vinculado al motociclismo de velocidad. Posee una escuela de pilotaje y cuenta con equipos de competición con pilotos que participan en todas las categorías.

Nastro Azzurro
aprilia
46

46

Nastro Azzurro
HONDA
46

YAMAHA
ENEOS
MONSTER ENERGY
46
agv

NACIMIENTO: Corbera de Llobregat, Barcelona (España), 11 de diciembre de 1985

PALMARÉS:
- 14 títulos mundiales de trial
- 6 títulos mundiales de enduro
- 11 victorias en la categoría femenina de motos en el *rally* Dakar

DESTACABLE POR:
Considerada la piloto más completa y laureada del motociclismo femenino mundial, con una trayectoria excepcional en trial, enduro y *rallies*

EULALIA SANZ PLA-GIRIBERT

(LAIA SANZ)

Laia descubrió su pasión por las motos influenciada por su entorno familiar cuando solo tenía cinco años. En 1997, con solo dos años más, participó en su primera carrera y superó a todos sus contrincantes con una moto de 80 cc, con la que compitió en la única categoría disponible. En 1998, con apenas doce años, ganó el Campeonato de España Cadete Absoluto, y, en el año 2000, el primer mundial en categoría femenina de la historia. Desde entonces, dominó con mano de hierro el mundial de trial con las marcas Beta, Montesa HRT y Gas Gas hasta sumar 14 títulos mundiales de la especialidad.

En 2011 participó por primera vez en el *rally* Dakar y se alzó con la victoria en la categoría femenina pilotando una Honda CRF450X con el equipo RST KH-7. Logró alcanzar la 39º puesto de la clasificación general. En 2012 fue la única participante en el *rally* Dakar que finalizó la competición y repitió su victoria en la categoría femenina, a la vez que obtuvo el primer lugar en el mundial de enduro femenino. En 2013 se ganó el apodo de Reina del Desierto gracias a su destacada actuación en el *rally* Dakar, en Sudamérica, al ser de nuevo la única mujer en finalizarlo. Ese mismo año ganó su último mundial de trial y el segundo de enduro. En 2014, con Honda, repitió el primer lugar en el *rally* Dakar femenino y alcanzó la posición 16ª en la clasificación general. Ese mismo año repitió título de enduro y quedó primera en una etapa en el *rally* de Merzouga. Pero fue en 2015 cuando obtuvo su mejor resultado en el *rally* más exigente del mundo: finalizó 9ª de la general de motos, el mejor puesto obtenido por una mujer en toda la historia de la competición. Participó en 11ª ediciones del *rally* Dakar en moto, y logró finalizar todos ellos. Posteriormente, dio el salto a la categoría de automóviles, y se las ingenió para mantener siempre su competitividad.

Laia fue distinguida con el Premio Nacional del Deporte en 2007 como mejor deportista española, y en 2013 recibió la Medalla de Oro de la Real Orden del Mérito Deportivo.

KH-7

GASGAS
hebo

KH-7
HONDA
218

NACIMIENTO: Piera, Barcelona (España), 17 de octubre de 1986

PALMARÉS:

- 38 veces campeón del mundo (hasta 2025)

DESTACABLE POR: Dominio absoluto desde su primer título mundial

ANTONI BOU MEN

(TONI BOU)

Referencia indiscutible del trial mundial, Toni Bou es el piloto de trial con más títulos mundiales de todas las épocas. Imbatible en las dos modalidades (indoor y outdoor), no ha cedido el lugar a ningún otro piloto durante dieciocho años consecutivos. El nivel de pilotaje de Toni Bou ha resultado inalcanzable para otros competidores, y son muy pocas las competiciones en las que participó y no consiguió el triunfo.

Debutó en el mundial de 2003, en el que finalizó 15º. A partir de 2007 hasta la actualidad, ha conseguido todos los títulos mundiales en juego, y en el año 2009 obtuvo la victoria en todas las pruebas disputadas.

Fue campeón del mundo y de España en las dos categorías, y campeón en el Trial de las Naciones. En 2025 seguía en activo a pleno nivel, con lo que la cifra de triunfos aumentará. Es el deportista más laureado del mundo del motor en cualquiera de sus especialidades en todo el globo, y obtuvo la Medalla de Oro de la Real Orden del Mérito Deportivo en el año 2013.

REPSOL
REPSOL

REPSOL
REPSOL Montesa

Hertz
2023
REPSOL
REPSOL
HONDA
REPSOL

NACIMIENTO: Cervera, Lérida (España), 17 de febrero de 1993

PALMARÉS: Hasta 2025, 9 veces campeón del mundo en las categorías:
- 125 cc
- Moto2
- MotoGP

DESTACABLE POR: Piloto más joven en conseguir victorias y ganar campeonatos en la máxima categoría del motociclismo de velocidad

MARC MÁRQUEZ ALENTÀ

(EL TRUENO DE CERVERA)

Piloto español referente desde comienzos del siglo XXI y tercer piloto del mundo por número de victorias y campeonatos. Sus logros mundiales tanto en cantidad como en calidad serán muy difíciles de superar, en especial las conseguidas en su primera participación en la máxima categoría MotoGP.

A los cuatro años pidió a sus padres su primera moto y desde entonces su gen competitivo lo ha llevado a ganar en todas las competiciones en que ha participado. En 2001 fué campeón de Cataluña de enduro. 2003 campeón Open RACC 50. 2004 subcampeón del campeonato Cataluña 125 cc y campeón en 2005 y 2006. 2007 primera victoria en el campeonato de España de Velocidad. 2008 primer pódium en el mundial, siendo el más joven de la historia con 15 años y 126 dias. 2009 octavo en el mundial con un podio y dos poles. 2010 campeón del mundo 125 cc con una victoria épica en Portugal tras caer en la vuelta de formación y salir desde el fondo de la parrilla. 2011 subcampeón en 250 cc con 7 victorias y 4 podios. 2012 campeón mundo Moto2. 2013 debuta en la categoría reina y gana el campeonato siendo el más joven de la historia en conseguirlo. 2014 obtuvo 10 victorias consecutivas y 13 en total, demostrando un dominio absoluto en la categoría. 2015 fue un año irregular con 5 victorias parciales. 2016, 2017, 2018 y 2019 fué campeón del mundo. 2020 su tenacidad y capacidad de superación se pusieron a prueba tras la caída en la primera carrera en Jerez, que se saldo con fractura de húmero. Sus posteriores complicaciones le obligaron a cuatro intervenciones quirúrgicas sucesivas, unido a la falta de evolución de su moto Honda, no le permitieron obtener resultados destacados en 2021, 2022 y 2023. En 2024 fichó por equipo satélite Gresini y en 2025 paso al equipo oficial Ducati dominando el campeonato con mano de hierro.

De carácter cercano, carismático y solidario, con una sonrisa permanente, Marc ha sido el piloto más laureado de España en la máxima categoría y un referente para pilotos de toda una generación. Está considerado por profesionales y aficionados el mejor piloto de todos los tiempos.

SHOEI
Lenovo
VARGROUP
93
riello
FRECCIAROSSA
Lenovo
MONSTER
ENERGY
TIM
CARRERA

REPSOL

REPSOL
HONDA
LOTUS
GAS
REPSOL
BATTLAX
REPSOL

Lenovo
SHOEI
GROUP
Lenovo
CARRERA
Audi Sport
DUCATI
DESMOSEDICI
MARELLI

enovo
MICHELIN
D.I.D

Los museos de motocicletas son puntos obligados de visita para los aficionados. En sus salas atesoran la historia y el desarrollo de la técnica en la fabricación de motos. De muy diferentes estructuras y organización, todos conservan perfectamente restauradas las motocicletas mas icónicas de la historia, con las que se puede comprobar cómo ha evolucionado el mundo del motociclismo en todos los aspectos a lo largo de más de un siglo. Además de los museos generalistas, que suelen ofrecer exposiciones temporales o permanentes especificas, incluimos los museos de marcas, auténticos templos para los apasionados de cada marca.

MUSEOS de MOTOCICLETAS

AND-8

BARBER VINTAGE MOTORSPORTS MUSEUM

EE. UU. (BIRMINGHAM, ALABAMA)

https://www.barbermuseum.org

El museo atesora más de 1800 motocicletas y 1000 están expuestas. Fundado en 1988 por George Barber, un empresario del sector lácteo y piloto aficionado que empezó a exhibir las motos que había utilizado en su época como competidor motociclista.

El capricho de Barber —que comenzó coleccionando automóviles, pues había corrido con éxito con Porsche en la década de 1960— se remonta a los inicios de 1988, por recomendación de su amigo Dave Hooper, un apasionado de las motocicletas. En 1994 creó la fundación Barber Vintage Motorsports Museo, y un año después la abrió al público en Southside Birmingham.

Una de las reglas de Barber es que todas las motocicletas deben estar plenamente operativas en una hora, lo cual implica que todas están en perfecto estado de funcionamiento.

Este empresario puso en marcha un programa de carreras de motos clásicas, y muchas de sus motos participaron, hasta 1998, en competiciones en los Estados Unidos y Europa, donde se alzó con múltiples triunfos.

BARBER VINTAGE MOTORSPORTS MUSEUM

LOCALIZACIÓN:
6030 Barber Motorsports Parkway

ESPECIALIDAD:
Motocicletas icónicas de todas las marcas y deportivas

Para él, el gran salto vino cuando el museo Guggenheim de Nueva York le solicitó 21 motocicletas para que formaran parte de la exposición «El arte de la motocicleta», y luego estas fueron expuestas en Nueva York, Chicago y Bilbao con notable éxito.

Esta singular muestra animó a Barber y lo empujó a pensar: «¡Podemos hacer esto en Birmingham!». Convencido, dio el salto de construir una instalación única para el museo y hasta una pista de carreras —para ello contó con la colaboración, entre otros, del legendario piloto John Surtees, único piloto campeón del mundo en motocicletas y Fórmula 1—, pues su empeño era el de demostrar que las joyas mecánicas estaban siempre vivas.

Este museo ha tenido tal crecimiento que se ha convertido en un verdadero parque temático del motor, ya que también alberga otras pistas para ensayos y competiciones, y la mayor colección de automóviles Lotus del mundo.

NATIONAL MOTORCYCLE MUSEUM

REINO UNIDO (INGLATERRA, BIRMINGHAM)

http://www.nationalmotorcyclemuseum.co.uk

Reconocido como el mejor museo británico de motocicletas, abrió sus puertas en 1984 y es visitado por 250 000 personas cada año. Fue creado por Roy Richards (fallecido en 2008) con 350 motocicletas, continuó creciendo con el impulso de sus hijos Simon y Nick, y cuenta actualmente con más de 1000 motos restauradas de 170 marcas restauradas por completo.

Sus responsables aseguran que no existe ninguna motocicleta que haya sido fabricada en Gran Bretaña a lo largo de su historia que no esté en el museo, incluidas muchas piezas únicas. Especial atención merece la sección dedicada a la década de los gloriosos años sesenta del siglo xx, cuando el Reino Unido era la potencia mundial en la fabricación de motos, con marcas como AJS, BSA, Brough, Norton, Triumph y Villiers.

El conjunto museístico es también sede de múltiples actividades que incluyen salas destinadas a conferencias, con aforos desde 20 000 personas, para eventos relacionados con la motocicleta y su historia; subastas, sorteos, cursillos, entre otros. También cuenta con una tienda de venta de productos variados y una notable librería, y el conjunto se completa con dos hoteles: The Minor Hotel, en Meriden (sede de la antigua fábrica Triumph), y The Windmill Village Hotel & Spa, en Coventry.

NATIONAL MOTORCYCLE MUSEUM

LOCALIZACIÓN:
Junction 6, autopista M42, Solihull, West Midlands

ESPECIALIDAD:
Motocicletas británicas

MUSEO MOTOS MADE IN SPAIN

ESPAÑA (MADRID, ALCALÁ DE HENARES)

https://motosmadeinspain.com/

La mayor exposición de motos de España por espacio y número de motocicletas está dedicada en exclusiva a los vehículos de dos ruedas fabricados en España. Aspira a consolidarse como Museo de la Moto Española. Expone 370 motocicletas de las más de 1200 que mantiene en su fondo museístico, principalmente gracias a las aportaciones de dos coleccionistas privados: los hermanos Luis y Rafael Lozano, especialistas en motos de campo español, e Ignacio Medina (Medinabi), especialista en las motos de carretera nacionales.

La exposición, inaugurada el 17 de diciembre del 2021 en el restaurado edificio de la Fábrica de Jabones Gal, en Alcalá de Henares (Madrid), está dirigida por el veterano motorista Juan José Blanco; el diseño y la gestión están a cargo de la empresa Last Lap, y actúan como comisarios Estanis Soler y Fernando de Portugal.

Toda la historia de la tecnología y la fabricación de motocicletas en España se encuentra ordenada cronológicamente desde la primera unidad, una Patria 175 Sport de 1927, siguiendo un paseo bien estructurado de pioneras, triciclos y, en la zona central, se ubican las secciones de Pioneras Campo, Exportación, Aventura, Trail Excursión, A1, Ciclomotores, Motos del Estado y El futuro que pudo ser. En el pasillo final se pueden

MUSEO MOTOS MADE IN SPAIN

LOCALIZACIÓN:
Calle Rusia n.º 7

ESPECIALIDAD:
Motocicletas fabricadas en España

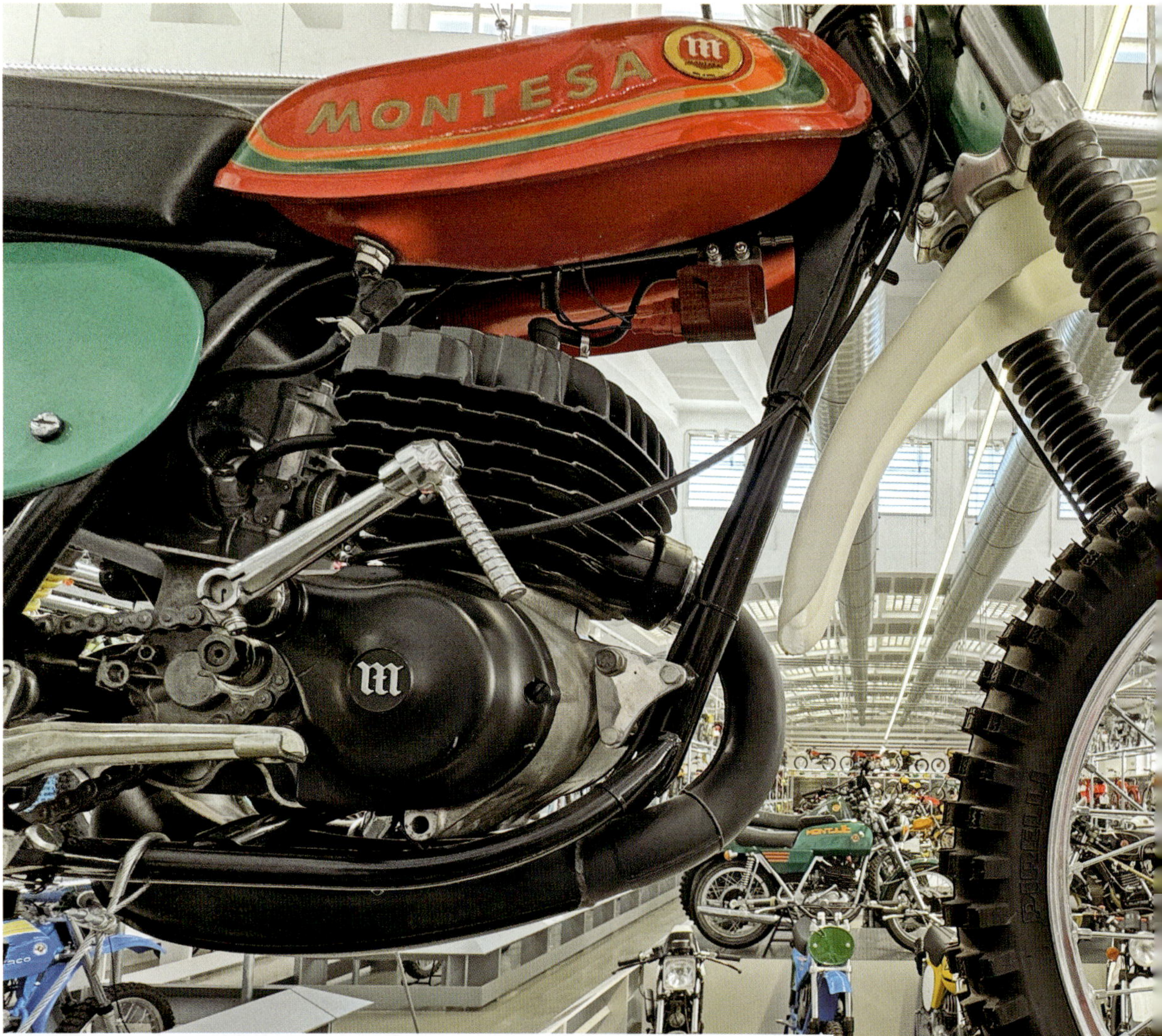
MONTESA

BULTACO

admirar las motos más icónicas y, en el superior —que también es utilizado para exposiciones temporales monográficas—, las infantiles.

Este es un museo en el que todos los aficionados y también los profesionales del motociclismo hasta principios del siglo XXI encontrarán las motos con que empezaron a montar y a competir.

Una sección especial y diferenciada es la dedicada a las motocicletas de competición con las secciones Velocidad, Cross, Enduro y Trial, en las que España fue potencia mundial durante las décadas de 1970 y 1980 con las prestigiosas marcas Bultaco, Montesa y Ossa.

Su centro de restauración se encarga de mantener en perfecto estado todas las motocicletas del museo, y de enseñar y transmitir a nuevas generaciones tanto las técnicas mecánicas e industriales del siglo XX como la pasión por los vehículos de motor a dos ruedas y su historia.

TOP MOUNTAIN MOTORCYCLE MUSEUM

AUSTRIA (TIROL, HOCHGURGL)

https://www.crosspoint.tirol/en-museum

El museo de motos situado a más altitud de Europa presenta una colección única de motos históricas, ordenadas de la A (AJS) a la Z (Zündapp), con unidades de todas las principales marcas de los últimos 120 años.

El museo, abierto en 2015, sufrió un gran incendio en enero de 2021, pero reabrió sus puertas el 18 de noviembre del mismo año como el nuevo Motorcycle Experience World, un concepto que supera al clásico museo expositivo.

El lugar ofrece un recorrido inmersivo por la historia de la moto, en una superficie de exposición de más de 4500 m² denominado Motor Experience. Se trata de una serie de experiencias multimedia con cine en 4D, murales de motor, simulaciones tecnológicas y, por supuesto, sonidos de los motores con los que se puede sentir la fascinación de conducir una motocicleta con todos los sentidos, incluso sin permiso de conducir. Cuenta con emocionantes historias sobre las motos, máquinas de carreras históricas y un programa variado e interactivo que entusiasma a los visitantes.

TOP MOUNTAIN MOTORCYCLE MUSEUM

LOCALIZACIÓN:
Timmelsjochstrasse 8

ESPECIALIDAD:
Motocicletas icónicas de la A hasta la Z

Esso

Además de las unidades más singulares y antiguas, pues cuenta con máquinas que fueron construidas desde 1894 hasta las últimas motocicletas especiales más modernas, expone más de 500 motos de 120 fabricantes.

El museo se encarga de destacar los aspectos más definitorios de cada marca y época en un ambiente muy cuidado, donde cualquier aficionado a las motocicletas y el público en general se queda atrapado durante horas.

Otra de las singulares exposiciones permanentes con las que cuenta es la de Expediciones y viajes de investigación del profesor Maximilian Reisch, en la que se muestran las motocicletas Puch y todos los vehículos de sus correrías, así como el equipamiento histórico del investigador tirolés y pionero del transporte en las décadas de 1930 y 1940.

El simple hecho de llegar al museo ya es una experiencia de viaje fantástica en los Alpes, tanto por el norte y por Austria siguiendo la carretera 186 desde Otztal Bahnhofm como desde Italia, partiendo de San Leonardo in Passiria por el Paso di Rombo.

MUSEU MOTO BASSELLA

ESPAÑA (LLEIDA, BASSELLA)

http://www.museumoto.com/es

Entre 1960 y 1991, con ingenio y sus propias manos, Mario Soler fue rescatando del olvido un buen número de motos antiguas hasta convertirse en un prestigioso restaurador especializado y en uno de los primeros coleccionistas de motos de España.

En la actualidad, su familia gestiona más de 300 motos en el Museo Moto de Bassella. Inaugurado en 2002, está considerado uno de los mejores del mundo por sus modelos únicos de fábricas nacionales españolas.

La visita muestra un interesante recorrido desde los rudimentarios inicios de la moto hasta el día de hoy, con una selección de las principales marcas internacionales de todas las especialidades. Además cuenta con espacios inéditos como el taller en el que comenzó todo, que conserva los elementos y detalles originales donde Mario Soler restauró la mayoría de las motos que se exhiben actualmente.

Es sede de exposiciones temporales de diferentes marcas y vertientes (histórica, social, deportiva, lúdica, urbana, industrial, artística), y también organiza un variado número de eventos. Dis-

MUSEU MOTO BASSELLA

LOCALIZACIÓN:
Carretera C-14, km 134

ESPECIALIDAD:
Motocicletas españolas e internacionales, con exposiciones temáticas temporales

bassellaMuseu Moto
1905
2000
MARQUES FABRICADES A CATALUNYA
M. SIMO
MOTOSACOCHE
B.S.A.

pone de una tienda especializada con artículos y libros de motor, y de una cafetería. Su ubicación en el prepirineo catalán, en un maravilloso entorno de montaña, ofrece infinidad de carreteras y rutas de todo tipo para disfrutar en moto.

MUSEO DE VEHÍCULOS HISTÓRICOS VALLE DE GUADALEST

ESPAÑA (ALICANTE, GUADALEST)

https://www.museovehiculosguadalest.com/

Este excepcional museo es obra de Ricardo Fracés, natural de Benifató, un pueblo del valle de Guadalest.

Desde niño, Ricardo se interesó por los trabajos realizados en la herrería del pueblo, donde se reparaban desde bicicletas y motos hasta máquinas de coser, relojes, radios, etc. Le apasionaban la mecánica y las máquinas, así que, en cuanto pudo, empezó a montar en moto. La primera que tuvo fue una Ducati 175 TS que compartía con su hermano.

Este enamorado de las motos fundó un restaurante como negocio familiar con su esposa y su hermano, con lo que pudo ahorrar y adquirir una Montesa Enduro H6 y disfrutar de las montañas de la zona. Sin embargo, su interés como apasionado mecánico y motociclista lo llevó a comenzar a restaurar motos. Su primera gran obra fue una muy popular Guzzi 65 y, después, una Ducati 98 Sport.

Tras más de 25 años de trabajo recuperando y restaurando motocicletas y microcoches, Ricardo Fracés, en 2003, abrió las puertas de su colección privada. Este precioso rincón para los amantes de las motos

MUSEO DE VEHÍCULOS HISTÓRICOS VALLE DE GUADALEST

LOCALIZACIÓN:
Carretera CV-755, km 7, Guadalest

ESPECIALIDAD:
Motocicletas, microcoches y maquinaria de los años veinte a los setenta

BMW - R4

está compuesto actualmente por unas 140 motocicletas y varios microcoches, todos en perfecto estado y construidos entre los años veinte y setenta del siglo xx.

Aunque la mayoría de las motos expuestas fueron fabricadas en España, también cuenta con una importante colección de motos originarias de Alemania, Francia, Italia, Inglaterra y los Estados Unidos, además de alguna unidad de Bélgica y Portugal. De entre todas, destaca la suiza Motosacoche, de 1928, una joya excepcional.

El museo se encuentra en una sala de 500 m^2 de superficie de notable belleza arquitectónica, donde, además de los vehículos, se exponen una serie de objetos antiguos como máquinas de coser, máquinas de escribir, cafeteras, teléfonos y radios que permiten al visitante situarse en el tiempo histórico.

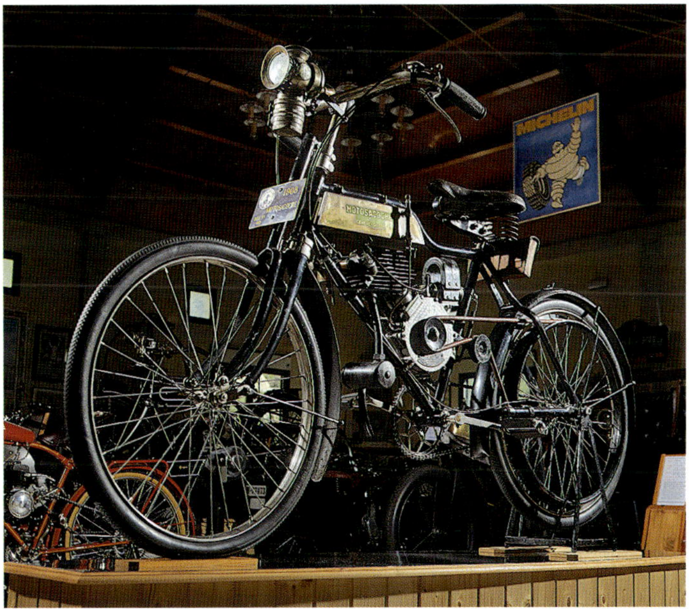

En el complejo se incluye el restaurante y el quiosco Riú, en el que se pueden degustar las especialidades gastronómicas levantinas y comprar productos regionales. Para llegar al museo, hay que recorrer, obligatoriamente, los magníficos paisajes de la montaña alicantina, plagados de curvas y excepcionales vistas.

MUSEO DE LA MOTO DE CANILLO

ANDORRA (PARROQUIA DE CANILLO)

https://museus.ad/es/museos/museo-de-la-moto-de-canillo

En el Museo de la Moto de Canillo o Museo de las Dos Ruedas (M2R), gracias a su exposición, el visitante disfrutará de un siglo de historia admirando la evolución de la motocicleta en un espacio de 700 m², con 150 ejemplares de las marcas más icónicas fabricadas en todo el mundo. Es el único museo en el Principado de Andorra y rinde homenaje a un vehículo especialmente querido y utilizado por los andorranos a lo largo de las décadas. Este país siempre ha sido un lugar muy visitado por los motoristas, tanto franceses como españoles, pues ofrece buenas carreteras para montar y es el epicentro de una gran afición. Además, se enorgullece de ser el lugar de residencia de grandes pilotos de todas las especialidades motociclistas.

El museo está ubicado en la entrada del edificio de la Telecabina de Canillo, donde se muestran ejemplares únicos como la Henry Capel Loft Holden, de origen británico y patentada en 1896, que, junto con la francesa Diamant de 1900, también expuesta, son motocicletas impulsadas con motores de vapor. Muy singulares son también la Cleveland estadounidense de 1915, de carácter deportivo, y la Solo Electra de Honda, que, fabricada en 1968, era impulsada por un motor eléctrico. Más modernas son las cuatro motocicletas de *raid* cedidas por el piloto, cinco veces ganador del *rally* Dakar, Cyril Despre. No se puede pasar por alto la buena muestra de scooters marca Vespa y representantes de las marcas de campo españolas Bultaco, Montesa y Ossa, sin duda, las grandes triunfadoras de los años sesenta y setenta del siglo pasado.

MUSEO DE LA MOTO DE CANILLO

LOCALIZACIÓN:
Plaça Carlemany 4,
Edificio Telecabina,
2.ª planta

ESPECIALIDAD:
Motocicletas europeas

10 MUSEOS DE MARCAS

BMW MOTORRAD MUSEUM (ALEMANIA)

LOCALIZACIÓN: Munich, Am Olympiapark 2

ESPACIO: 5000 m²

PRIMERA MOTO: 1923

HONDA COLLECTION HALL (JAPÓN)

LOCALIZACIÓN: Motegi, Twin Ring Motegi

ESPACIO: 4000 m²

PRIMERA MOTO: 1946

MUSEO MOTO GUZZI (ITALIA)

LOCALIZACIÓN: Mandello del Lario, Via Emanuele Vittorio Parodi 63

ESPACIO: 3000 m²

PRIMERA MOTO: 1921

KTM MOTOHALL (AUSTRIA)

LOCALIZACIÓN: Mattighofen, KTM Platz 1

ESPACIO: 10 000 m²

PRIMERA MOTO: 1951

MUSEO DUCATI (ITALIA)

LOCALIZACIÓN: Bolonia, Via Antonio Cavalieri Ducati 3

ESPACIO: 1000 m²

PRIMERA MOTO: 1946

YAMAHA COMMUNICATION PLAZA (JAPÓN)

LOCALIZACIÓN:
Iwata, prefectura de Shizuoka

ESPACIO: 3000 m² aprox.

PRIMERA MOTO: 1955

HARLEY-DAVIDSON MUSEUM (E.E.U.U. WISCONSIN, MILWAUKEE)

LOCALIZACIÓN:
400 W Canal Street

ESPACIO: 40000 m²

PRIMERA MOTO: 1903

SUZUKI PLAZA (JAPÓN)

LOCALIZACIÓN:
Hamamatsu, Zoracho 1301

ESPACIO: 3000 m² aprox.

PRIMERA MOTO: 1954

MUSEO PIAGGIO (ITALIA)

LOCALIZACIÓN:
Pontedera, Viale Rinaldo Piaggio 7

ESPACIO: 6000 m²

PRIMERA MOTO: 1946

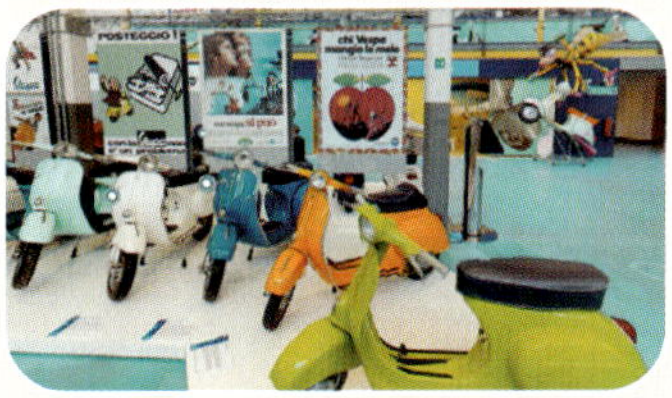

TRIUMPH FACTORY VISITOR EXPERIENCE (INGLATERRA, LEICESTERSHIRE, HINCKLEY)

LOCALIZACIÓN:
Normandy Way, LE10 3BZ

ESPACIO: 10000 m².

PRIMERA MOTO: 1902

He aquí diez motocicletas que han marcado tendencia y han sido referencia a lo largo de la historia de la moto. Todas ellas fueron un sueño hecho realidad para sus creadores, atrajeron todas las miradas y deseos, y marcaron la entidad, la evolución y, en muchos casos, el éxito de su marca. Estas motocicletas fueron auténticos hitos en el diseño, la tecnología y la historia de todas las motocicletas posteriores.

MOTOCICLETAS MÍTICAS

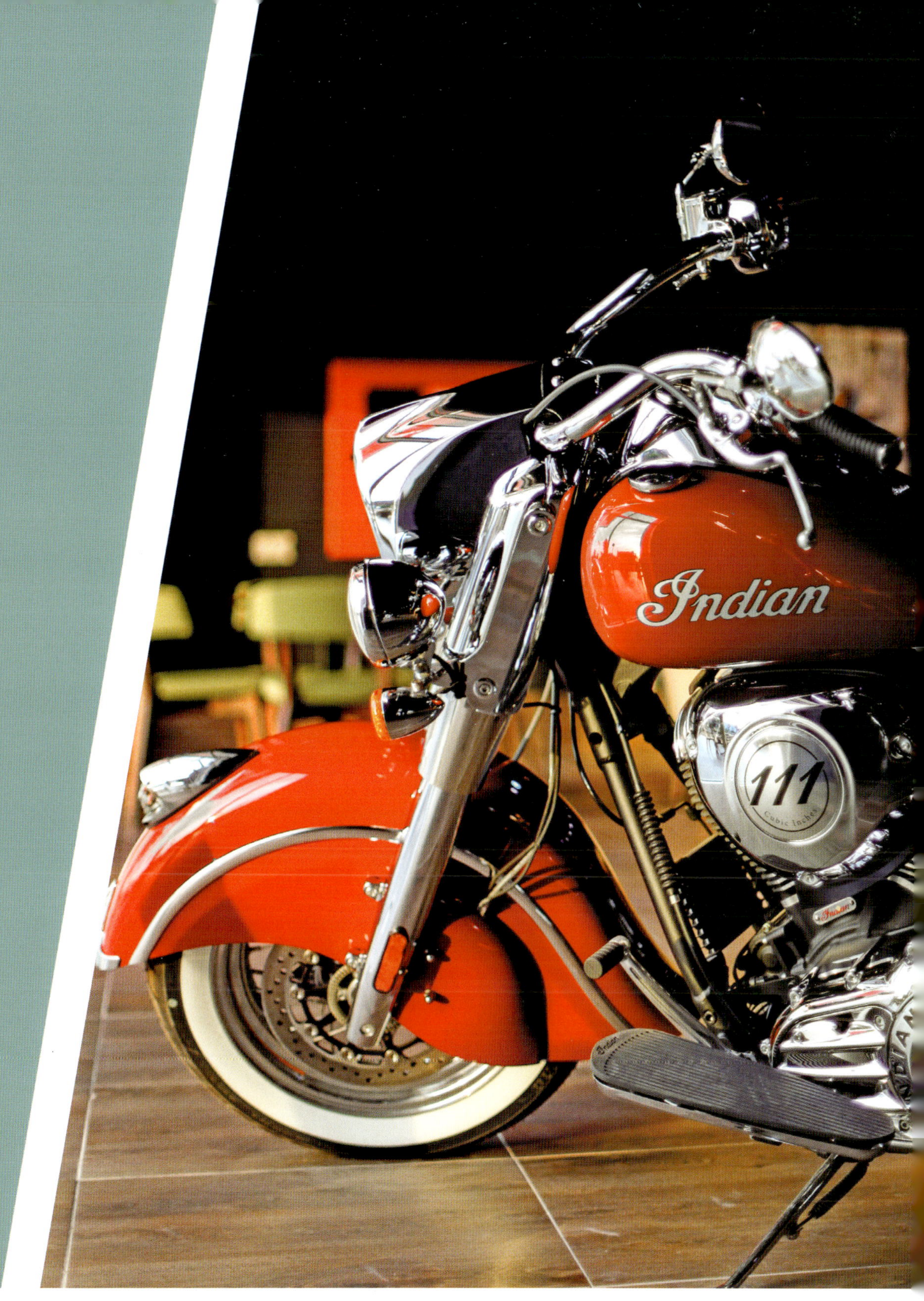
Indian
111
Cubic Inches

INDIAN CHIEF

(1922)

El primer fabricante de motocicletas norteamericano fue George Hendee, quien, junto con el ingeniero Oscar Hedstrom, fundó la empresa Hendee Manufacturing Company en 1897, dedicada a instalar motores en bicicletas. Poco después empezaron a fabricar motocicletas completas, las cuales tuvieron tal éxito que el crecimiento de la empresa fue imparable durante medio siglo. Así fue como nació la arraigada cultura motociclista norteamericana. Con una producción de modelos de serie basada en un esquema de motor V con doble árbol de levas, Indian hizo historia a principios del siglo XX. Fue en 1920 cuando el ingeniero Charles B. Franklin creó los modelos más famosos de la marca: Indian Scout e Indian Chief.

Allá por 1923 decidieron cambiar el nombre de la compañía por el de The Indian Motocycle Company, sin r, y su sede se estableció en Springfield, Massachusetts. Propietarios e ingenieros eran apasionados motociclistas convencidos de que los éxitos en las competiciones aumentaban las ventas. Superaron la Gran Depresión y salieron invictos de dos guerras mundiales gracias a su importante contribución a los conflictos suministrando motos al ejército norteamericano y francés. Y es que la fabricación se dedicó en

MARCA: Indian

PAÍS: Massachusetts, EE. UU.

AÑO FABRICACIÓN: 1920

UNIDADES FABRICADA:
No declarado

exclusiva al ejército durante la Segunda Guerra Mundial y solo sobrevivió el modelo Indian Chief, que resurgió en 1946. Este incorporaba una nueva horquilla delantera, equipada con resortes y un amortiguador central telescópico hidráulico que lo dotaban de mejor maniobrabilidad y comodidad. La robustez del conjunto y su soberbio aplomo en ruta a buena velocidad convirtieron la moto en una leyenda viva. La Indian Chief se estuvo fabricando hasta 1953, año en que la empresa Indian Motorcycles Company cerró definitivamente sus puertas.

Tiempo después, en 2011, la compañía Polaris Industries hizo renacer la marca retomando el camino marcado por los pioneros de los primeros años del pasado siglo. En la actualidad, Indian Motorcycle Company combina la innovación tecnológica de alto rendimiento con un catálogo de auténticas motos icónicas. Con su gama actual en continuo crecimiento, no olvida su pasado lleno de hitos históricos.

BROUGH SUPERIOR SS100

(1924)

Fabricadas artesanalmente bajo pedido y adaptadas a cada cliente, las 79 unidades fueron durante decenios las motocicletas más lujosas y de mayores prestaciones del mundo. Publicitadas como el Rolls Royce de las motocicletas, se garantizaba que eran capaces de superar las 100 millas/h. Su artífice fue George Brough, surgieron en Nottingham y se fabricaron en varias versiones. La primera y más representativa fue la SS (Super Sport) 100, en la que se empleaban componentes de los mejores fabricantes. El primer motor fue un KTOR JAP, un V2 que sería sustituido por los motores Matchless a partir de 1936. Los modelos de entonces ya incluían caja de cambios de tres velocidades Sturmey-Archer y una horquilla Castle Fork al estilo Harley Davidson.

El desarrollo de esta moto legendaria se forjó en competiciones durante los años veinte del siglo XX. Consiguió siete títulos mundiales de velocidad en las entonces prestigiosas pruebas de velocidad pura (209 km/h en 1927) en media milla y milla completa con salida parada.

Precisamente fue el militar Thomas Edward Lawrence, más conocido como Lawrence de Arabia, quien

MARCA: Brought Superior

PAÍS: Inglaterra

AÑO FABRICACIÓN: 1924

UNIDADES FABRICADA: 79

elevó esta motocicleta a la categoría de leyenda. Poseedor de dos Brough SS80, fue con la SS100 con la que tuvo el accidente que le costó la vida cerca de su casa en el sur de Inglaterra. El médico que lo atendió fue el promotor de los primeros cascos para motociclistas. La última SS10 de Lawrence de Arabia se fabricó en 1932 y hoy es de propiedad privada, pero aun así puede admirarse en algunas exposiciones temporales en el Museo Nacional del Motor de Beaulieu (Hampshire) o en el Museo Imperial de la Guerra de Londres.

Las Brough Superior de cualquier modelo alcanzan las mayores cotizaciones en las subastas de venta y llegan a superar los 300 000 €.

En 2015 el francés Thierry Henriette volvió a fabricar motos exclusivas con el legendario nombre y las dotó de motores fabricados artesanalmente y materiales excepcionales como el titanio y la fibra de carbono. Al igual que las originales de un siglo atrás, solo se hacían bajo pedido y tenían un precio superior a los 60 000 €.

ROYAL ENFIELD BULLET

(1932)

Presentada por primera vez en el Olimpia Motocycle Show de Londres en 1932, se empezó fabricando en tres versiones: 250, 350 y 500 cc, todas con motores dotados de pistones de alta compresión y cambio de marchas al pie. El prototipo Bullet de 350 cc de posguerra evolucionó al añadir suspensión trasera con brazo oscilante con amortiguador de muelle y aceite. Como muestra de que se trataba de una eficaz moto de competición, fueron dos Bullets las que se hicieron con el oro en los ISDT (International Six Days Trial) de 1948 celebrados en Italia. Ya en 1949 los nuevos modelos Bullet de 350 cc y 500 Twin se lanzaron en el Reino Unido. Ambos compartían el mismo cuadro, suspensión de brazo oscilante, horquilla delantera telescópica y caja de cambios. La casa Madras Motors comenzó a importar motocicletas británicas a la India y, tres años después, se asoció con Redditch para formar Enfield India y producir bajo licencia con una fábrica en Tiruvottiyur, cerca de Madrás. Johnny Brittain ganó en 1952 el International Six Days Trial de Escocia con su Bullet de 350 cc, la HNP 331. Corría el año 1967 cuando Royal Enfield cerró en Redditch, todo se vendió a un fondo de inversión y la empresa prosiguió en Upper Westwood hasta su cierre en junio de 1970. Siete años después, ya en 1977, Enfield India dio el paso de exportar el Bullet de

MARCA: Royal Enfield Bullet

PAÍS: Gran Bretaña/India

AÑO FABRICACIÓN: 1932

UNIDADES FABRICADA:
Más de un millón

350 cc a Europa. Las ventas se dispararon y en 1989 salió al mercado una nueva Bullet de 500 cc y 24 CV. Se trataba de una moto dirigida principalmente a la exportación desde la India y que estaba disponible en versiones Classic, Deluxe y Superstar. En 1997 cuarenta motocicletas Royal Enfield conquistaron el Khardung La, el paso transitable más alto del mundo, y ya en el último año del siglo XX arrancó la producción de un motor Bullet totalmente de aluminio de 350 cc en una nueva planta de Royal Enfield cerca de Jaipur, Rajasthan. A modo de curiosidad, cabe decir que fueron estas motos con las que el ejército de la India, en Jabalpur, formó una pirámide humana de 201 hombres con diez Bullet de 350 cc. En 2016 Royal Enfield estrenó la Himalayan, su primera motocicleta de aventuras. Con un motor SOHC de 411 cc diseñado para conductores aventureros, dos años más tarde un equipo del ejército indio y de Royal Enfield alcanzó en el Himalaya la cima del paso Karakoram, de 5540 m, con temperaturas inferiores a los -30 ºC.

Royal Enfield Bullet es la única moto que se ha comercializado con el mismo nombre y estructura general desde hace 120 años.

VESPA

(1946)

Icono de la movilidad urbana especialmente en Europa, la primera Vespa, la 98 cc, registró sus patentes el 23 de abril de 1946 a través de la empresa Piaggio & C. SpA. El prototipo se empezó a fabricar tras la reconstrucción de la planta, que antes se dedicaba a productos aeronáuticos y luego fue prácticamente destruida en su totalidad durante la Segunda Guerra Mundial. El diseño del vehículo de dos ruedas fue obra de Enrico Piaggio y del ingeniero aeronáutico Corradino D´Ascanio. Inicialmente se trabajó en una producción de 2000 unidades en dos versiones destinadas a ser un medio de transporte personal económico. En 1947 apareció la Vespa 125 y la producción creció rápidamente, tanto que en 1948 salieron de la fábrica italiana 19 822 motos, y luego, a principios de los años cincuenta, se superaron las 200 000 unidades. Incluso el periódico Times osó definirla como «un producto completamente italiano como no se había visto desde el carro romano».

Vespa tejió una amplia red de servicio en toda Europa y se extendió por el mundo al crearse el club Vespa en numerosos países. En 1953 llegó a España de la mano de Moto Vespa S. A. y se instalaron puntos de servicio en 114 países de Europa, América, Asia y África. A día de hov los modelos Vespa se producen en tres centros: Pontedera (Italia), que es la fábrica original desde la primera unidad; Vinh Phuc (Vietnam),

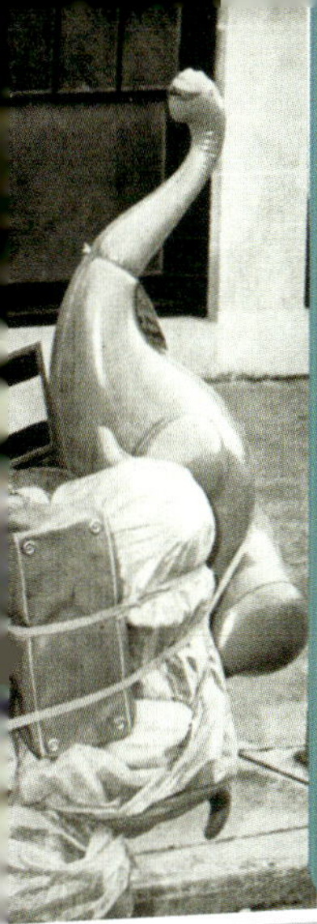

MARCA: Piaggio Vespa

PAÍS: Italia

AÑO FABRICACIÓN: 1946

UNIDADES FABRICADA:
Más de 20 millones

que suministra a Oriente, y Baramati (la India) para surtir a toda la India y Nepal. En 2021, justo cuando acababa de cumplir siete décadas de existencia, ya se habían vendido más de 20 millones de unidades en 83 países de los cinco continentes.

Vespa protagonizó algunas de las películas de Hollywood más conocidas, como *Un americano en París, Vacaciones en Roma* y *La Dolce Vita*, filmes que la proclamaron una moto de culto en Europa y Norteamérica. La película *Quadorfenia* también marcó una de las muchas tendencias que ha vivido esta scooter a lo largo de su historia. Los españoles Antonio Veciana y Santiago Guillén, en el año 1962, dieron una vuelta al mundo en 79 días sumando 40 000 km sobre una Vespa 125.

Vespa dio el pistoletazo de salida a la categoría scooter, cuyo concepto fue después copiado por muchos fabricantes de motocicletas de muy diversas formas. En setenta y cinco años, los modelos de Vespa se han multiplicado en cilindradas y prestaciones, incluidos los modelos eléctricos. Lo que se ha mantenido durante toda su historia son sus formas típicas, perfectamente identificables. Como dijo Enrico Piaggio, *Bella sembra una Vespa* (Bonita parece una avispa).

HONDA 50 SUPER CUB

(1958)

Pensada para la movilidad personal, la Honda Cub es la moto más vendida de toda la historia. La idea surgió en 1956, cuando Soichiro Honda y Takeo Fujisawa visitaron Alemania y se quedaron asombrados por la cantidad de ciclomotores y motos ligeras que circulaban. Tanto les llamó la atención que se propusieron fabricar un nuevo producto. La Super Cub empezó a venderse muy rápido, en especial por la fantástica acogida que tuvo en los Estados Unidos, donde se convirtió en un objeto fundamental para varias generaciones de jóvenes, chicos y chicas, quienes, de pronto, pasaron a tener un vehículo sencillo, eficaz, económico y sin mantenimiento para sus desplazamientos personales por las pequeñas ciudades y pueblos. Su resonada campaña publicitaria «Conoces a personas más agradables en una Honda» marcó la actitud dominante de los norteamericanos hacia el motociclismo.

El éxito de este modelo no se debió solo a su practicidad y fiabilidad, gracias a un motor de cuatro tiempos, originalmente de 50 cc, que fue creciendo hasta los 125 cc, irrompible, con cambio automático de cuatro velocidades y transmisión trasera cubierta. Fue de las primeras motos en montar plásticos en guardabarros y protecciones, y con su

MARCA: Honda

PAÍS: Japón

AÑO FABRICACIÓN: 1958

UNIDADES FABRICADA: Más de 100 millones

chasis estampado se convirtió en un vehículo ideal para los desplazamientos individuales durante decenios. Honda empezó fabricando este modelo en Hamamatsu Japón y, después, estableció factorías de montaje en Suzuka (Japón) en 1960, Taiwán en 1961, Bélgica en 1963, Bangladés en 1966, Tailandia en 1967, Malasia en 1969, Indonesia en 1971, Filipinas en 1973, Manaos (Brasil) en 1976, Mauricio en 1980, Colombia y Nigeria en 1981, India en 1985, México en 1988, Brasil en 1989, Kunamoto (Japón) en 1991, Vietnam en 1997, China en 2002, Laos en 2004, Camboya en 2005, Argentina en 2006, y Perú en 2007. Al fabricar en países de tan alta demanda, multiplicaron sus ventas y su presencia en todo el globo. Se lleva montando con modificaciones y evoluciones técnicas desde hace más de sesenta y cinco años, y en muchos países las Honda Cub siguen siendo incontables, como en todas las ciudades del sudeste asiático. Sus ruedas de gran tamaño les proporcionan mejor estabilidad que a las tradicionales scooters, y su práctico diseño y su bajo consumo, de 1,5 l cada 100 km, aseguran usuarios en todo el mundo.

MONTESA IMPALA 175

(1962-1972)

La Montesa impala representa a toda la generación de las motos mas emblemáticas construidas en España. La industria española en su pleno apogeo estuvo representada por tres grandes marcas: Montesa, Bultaco y Ossa. Todas movilizadas por sencillos motores de dos tiempos, altas prestaciones y solidez. La mayoría de los éxitos deportivos de todas las marcas a nivel mundial tenían un concepto igual. Motor monobloque monocilíndrico dos tiempos, refrigerado por aire y transmisión por cadena.

MARCA: Montesa

PAÍS: España

AÑO FABRICACIÓN:
1962-1971 y 1983-1989

UNIDADES FABRICADA: más de 55 000

Sucesora de la Montesa Brio, la Montesa Impala diseñada por Leopoldo Milá nació con las premisas de ser cómoda, robusta, fiable y capaz de superar los 100 km/h. Fue uno de los proyectos más ambiciosos de la marca catalana, que comenzó su fabricación en Poblenou, Esplugues de Llobregat.

Su aparición en el mercado estuvo promocionada con un viaje denominado Operación Impala en el año 1962. Oriol Regas, aventurero y gran motorista, propuso a Pere Permanyer realizar un viaje de Ciudad del Cabo a Túnez, 20 000 km, como prueba para la moto que estaban diseñando. Junto con Tei Elizarde, Rafa Marsans, Enrique Bernis y con Manuel Maristany como reportero, consiguieron que tres prototipos de Impala, llamadas Baobab, Perla y Lucharniega, concluyeran con éxito la aventura. Quedó demostrada su solidez.

Un diseño atractivo y funcional, resistencia y calidad impulsaron las ventas rápidamente. Fue una motocicleta que movilizo y divirtió a la ciudadanía española justo antes de la imposición generalizada del automóvil utilitario.

Sirvió de origen a las sagas de *off road* más modernas de la marca, los modelos Comando, Sport, Kenya, Texas, Scorpion y Cros, y en su siguente evolución Montesas de los modelos Cappra, Rapita, Enduro, King Scorpion y Crono.

La Impala se dejo de fabricar en 1971 y renació en 1983 con el nombre Impala 2. Dotada de llantas de aleación, encendido electrónico y depósito de fibra, se mantuvo en producción hasta 1989. Sus fanáticos seguidores celebran cada año una tradicional reunión denominada Impalada, la cual está reconocida como uno de los más apasionados y puros encuentros monomodelo de Europa. La Impala dispone de una amplio catalogo bibliográfico y también fue protagonista en películas muy populares en España. Todo un hito y símbolo de la industria española de la moto en el siglo XX.

HONDA CB 750 FOUR
(1969)

La motocicleta que más influencia tuvo en la evolución y el desarrollo de las motos de producción en serie desde el último tercio del siglo xx. Marcó el inicio de la era moderna, con un salto cualitativo muy notable sobre las motocicletas fabricadas hasta entonces en todo el mundo, que eran mayoritariamente bicilíndricas. Eclipsó a todas las demás marcas de entonces que en aquel tiempo seguían produciendo motos deportivas para aficionados avanzados, como la Triumph Trident, BSA Rocket 3 Norton Commando Fastback, Harley Davidson XKCH y Kawasaki Mach III.

Con esta motocicleta y sus homólogas de todas las demás marcas de la industria japonesa, superaron y hasta quebraron la hasta entonces poderosa industria de la motocicleta británica. Su origen estuvo determinado por el mercado norteamericano, donde la Honda 450 ya tenía muy buenas ventas, pero Estados Unidos demandaba mayor cilindrada y tamaño.

Diseñada por M. Harada, disponía de un motor de cuatro cilindros verticales, transversal a la marcha. Estaba refrigerado por aire, rendía 67 CV, pesaba 218 kg en seco y ofrecía una relación calidad precio insuperable. Esa configuración tetracilíndrica fue

MARCA: Honda

PAÍS: Japón

AÑO FABRICACIÓN:
1969-2007

UNIDADES FABRICADA:
Más de 400 000

considerada como la pionera en las denominadas motocicletas universales japonesas (UJM, Universal Japanese Motorcycle). Introdujo notables avances como el arranque eléctrico, aunque mantenía la palanca de puesta en marcha, y un revolucionario freno de disco delantero. Hay que indicar que hasta entonces las motos solo montaban frenos de tambor y eran capaces de alcanzar los míticos 200 km/h.

Con un diseño y estética atemporal, se consideró la primera moto que forjó el nombre de superbike. Revolucionó aspectos como la fiabilidad, la comodidad y la sencillez. Con ella no había que dedicarle tiempo a revisar todo antes de salir, bastaba con apretar un "mágico botón" para ponerla en marcha y salir a rodar. Ya no había que tener los obligatorios conocimientos de mecánica de los aficionados de entonces, con lo que pudo captar nuevos clientes menos expertos.

Con sus cuatro carburadores bien ajustados, se popularizó una prueba: colocar una moneda de canto sobre el depósito o el carter sin que se cayera por las vibraciones. Ninguna moto de entonces podía hacerlo.

BMW R 80 G/S

(1980)

La primera de las motocicletas de una saga que ha dado al fabricante alemán sus mayores éxitos. A finales de los años setenta, la casa germana estuvo a punto de abandonar la fabricación de motocicletas, pero finalmente siguieron adelante con la producción en 1980 de la BMW R 80 G/S Gerunde Sport, que después evolucionaría a GS Gerund Strabe. Este modelo conquistó el mercado del mundo del viaje y de la aventura en moto, creó la legión de amantes de BMW y fue el germen de su modelo más exitoso. Su diseñador, Hans Muntt, creador de las no menos legendarias BMW R 90 S y R 100 RS, se asomó por la ventana, vio un Range Rover y se convenció de que debía construir una moto con ese concepto. Utilizando el motor Boxer en su quinta evolución del que fuera el primer flat twin producido por la marca en 1923, la 80 G/S consolidó la marca como una de gran fiabilidad mecánica. Su transmisión por cardan, otra constante desde su primer modelo, también confirmaba una de sus identidades. Coincidió su lanzamiento con la victoria de Humbert Auriol en el *rally* París-Dakar de 1981, en el que también triunfó en años posteriores Gaston Rahier sobre un prototipo basado en esta moto que le sirvió de excelente argumento de promoción y ventas. BMW y el *rally* París-Dakar se promocionaron mutuamente durante los primeros años del modelo GS y la carrera por África.

MARCA: BMW

PAÍS: Alemania

AÑO FABRICACIÓN:
1980-1985

UNIDADES FABRICADA: 26 000

La saga GS boxer ha tenido ocho evoluciones, y ha ido subiendo incesantemente de cilindradas a 800, 1000, 1100, 1150, 1200 aire, 1200 agua, 1250 y 1300 cc. Este último modelo, de 2023, tiene un motor boxer que es el primero completamente refrigerado por agua, y está dotado de la última electrónica y conectividad en todos sus aspectos y, por supuesto, presenta también transmisión por árbol rígido. Salta a la vista que la R 80 G/S fue el germen de una familia completa de motocicletas inconfundibles. Una saga que cuenta con el máximo aprecio de los viajeros y aventureros en moto por todo el mundo. El hito y símbolo del fabricante germano que puede presumir de que esta moto y sus sucesoras GS ya han rodado por todos los rincones del planeta.

HARLEY EASY RIDER

(1990)

La más icónica moto HD no fue una moto de serie fabricada en Milwaukee. De todos los modelos Harley Davidson, sin duda el más famoso hasta la fecha es la creación artesanal de Dan Haggerty, de la que solo se fabricaron dos unidades iguales tomando como base dos ejemplares de HD 1952 de la Policía norteamericana. Su destino fue ser la moto conducida por Peter Fonda en la película *Easy Rider*, un filme de culto *hippie* y el mayor clásico del *road movie* motociclista.

MARCA: Harley Davidson

PAÍS: EE. UU.

AÑO FABRICACIÓN: 1990

UNIDADES FABRICADA: 2

La legendaria marca Harley Davidson produce sueños para motoristas desde 1917 y cuenta con varios modelos icónicos de motocicletas en su catálogo. Las HD se consolidaron durante el siglo XX como el sector por excelencia de las motocicletas en toda América del Norte, y crearon un estilo propio y con un carácter globalmente reconocido.

Un ejemplo singular y referencial del estilo creado por HD es esta moto de estilo custom del todo artesanal. La moto tiene incluso nombre propio: Capitán América. Hay dos ejemplares con una singular historia. Uno quedó destruido en la película porque así lo exigía el guion cinematográfico, y luego fue reconstruido, se exhibió en la Feria de Iowa, y después se vendió en una subasta. Texas Gordon Granger dio por esta moto 63 000 dólares en 1996. Esta unidad actualmente en venta cuenta con tres certificados de autenticidad, incluido uno firmado por Haggerty, quien ya falleció en 2016.

La otra moto, que fue la utilizada para las tomas cortas, se la quedó Peter Fonda. Un buen día se la robaron junto a otras de sus amigos y, pese al empeño de la Policía en encontrarla, nunca apareció, lo que hace suponer que fue desmontada y vendida por piezas. Como el propio actor llegó a afirmar, «es posible que algún harlista lleve en su moto alguna pieza icónica y todavía no lo sepa». Han sido varios los modelos icónicos y míticos de la marca. Uno de ellos, la Fat Boy, nacida para rivalizar y vencer a los japoneses cuando empezaron a atacar su mercado con motos custom, y la cual fue utilizada por *Terminator* en el cine. También están las no menos famosas motos Harley Davidson Electra Glide de los agentes de la Policía norteamericanos y de los escoltas de autoridades de todo el mundo, las cuales quedaron inmortalizadas en un sinfín de películas y documentales.

En resumen, el espíritu norteamericano de libertad expresado en su motocicleta más icónica, que encima va decorada con los colores de la nación. Evidentemente, la moto más norteamericana de la historia.

DUCATI 916

(1994- 1998)

Uno de los más bellos ejemplos de motocicleta deportiva europea al más puro estilo italiano. La 916 tiene su origen en la Ducati Pantah de los años setenta, obra de Fabio Taglioni, que posteriormente evolucionó en los modelos 851 y 856, dotados de motores en V desmodrómicos. A partir de ello, después Massimo Tamburini y Sergio Robbiano dotaron de refrigeración líquida al motor y lo soportaron con un bastidor multitubular de cromo molibdeno, con lo que consiguieron una moto más pequeña

MARCA: Ducati

PAÍS: Italia

AÑO FABRICACIÓN: 1994-1998

UNIDADES FABRICADA: 22 000

que la 888. Vestida con una espectacular carrocería integral de líneas agresivas, atrajo de inmediato las miradas de especialistas, pilotos y aficionados.

El diseño de la Ducati 916 se distinguió por sus formas y soluciones técnicas. Los escapes por debajo del asiento mejoraban el rendimiento aerodinámico y permitían líneas limpias y estrechas. Sobresale su basculante monobrazo, diseñado originalmente para permitir rápidos cambios de rueda trasera en carrera. Al margen, el carenado integral con su afilado pico le confiere un carácter propio con seductoras líneas deportivas.

Para muchos fue la mejor motocicleta deportiva que jamás había existido. Rendimiento en potencia, frenado, estabilidad y también mucho carisma. Recibió el galardón de Moto del Año en 1994 por parte de las más prestigiosas revistas especializadas, y fue objeto de múltiples elogios y de la admiración procedente de todos los sectores del motociclismo. Las más célebres organizaciones de diseño la siguen incluyendo en el listado de los diseños importantes de la historia, y unos apasionados periodistas publicaron 1994 *Debuta la Ducati 916. ¿Pasó algo más ese año?*

La Ducati 916 es una motocicleta de referencia que se ganó en muchas ocasiones el calificativo de la motocicleta más bella de todos los tiempos.

Hoy es un objeto de culto difícil de encontrar en venta, pues muchos de sus propietarios la tienen en el salón de casa como su más bonito adorno.

Los circuitos en los que se desarrollan competiciones mundialistas son puntos de atracción para decenas de miles de aficionados. También otros circuitos, aunque no acojan pruebas del mundial, tienen un atractivo irresistible y son objeto de deseo de los aficionados que quieren rodar por su trazado recordando las gestas de los pilotos históricos. Las imágenes que se ven por televisión hacen soñar a los amantes de las motos y despiertan su deseo de ir a conocer estas pistas de competición.

El *rally* Dakar no tiene un recorrido fijo y ha mostrado al mundo por televisión la belleza natural de los países de África, Suramérica y Arabia Saudí por los que ha transitado.

CIRCUITOS Y CARRERAS

SC
HONDA
Red Bull

TT ISLA DE MAN

REINO UNIDO (ISLA DE MAN)

La Isla de Man es un pequeño refugio que mantiene las carreras de motos desde hace más de un siglo por un recorrido que, fuera de las horas de competición, está abierto al uso público durante todo el año. Es, con diferencia, el más largo de los circuitos, donde se celebran carreras de motos con regularidad, y el de media kilométrica más alta. Tuvo diferentes trazados en los primeros decenios de su historia y las carreras de motos fueron puntuables para el campeonato del mundo de velocidad hasta el año 1976.

Las competiciones son individuales contrarreloj y hay muchas categorías diferentes que evolucionan y se adaptan a los tiempos. Las categorías deno-

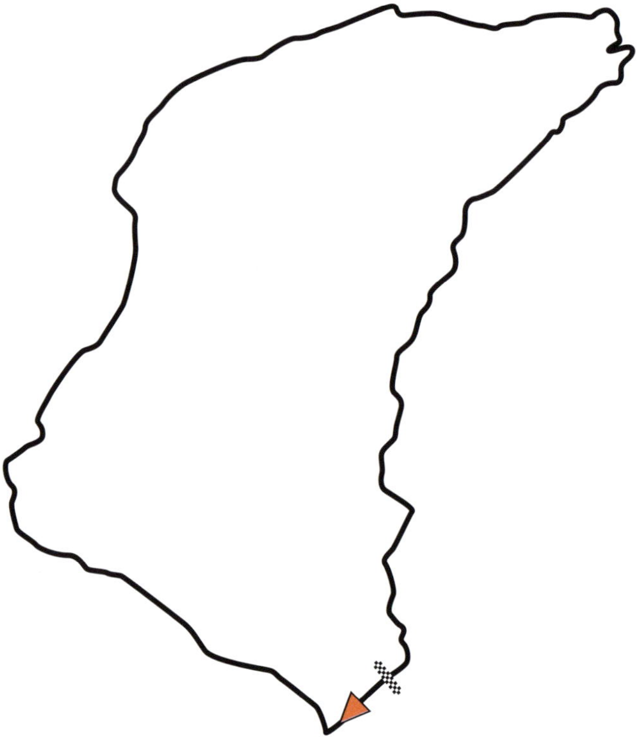

LONGITUD: 60 km 275 m

ANTIGÜEDAD: 1907

DESTACA: El más antiguo de los circuitos y de las competiciones del mundo

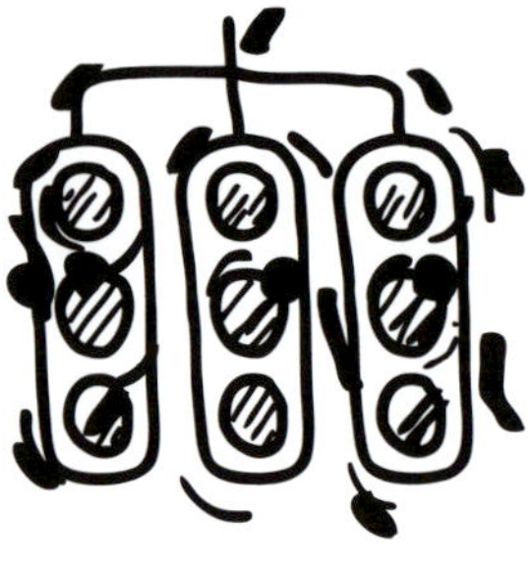

minadas Senior TT, Superbikes TT y Superstock TT, en las que la preparación de las motos tiene menos limitaciones, se realizan a tres vueltas al circuito. En el año 2023 la media de velocidad conseguida por Peter Hickman fue de nada menos que 219,448 km/h.

A lo largo de su más de un siglo de historia en la carrera de la isla, se forjaron pilotos legendarios como Joey Dunlop, quien consiguió 26 victorias en el TT y tiene un monumento en Bungalow, su parte preferida del recorrido.

Es el único circuito de velocidad en el mundo en el que puedes ver las carreras a escasos centímetros de por donde pasan los corredores, a veces a más de 300 km/h, separados tan solo por unas balas de paja o una simple cinta de plástico.

Tristemente, el Tourist Trophy de la Isla de Man es una carrera muy peligrosa en la que cada año hay que lamentar accidentes fatales, de ahí que dé lugar a una radical división entre sus acérrimos seguidores y sus vehementes detractores.

CIRCUITO DE JEREZ - ÁNGEL NIETO

JEREZ DE LA FRONTERA, CÁDIZ (ESPAÑA)

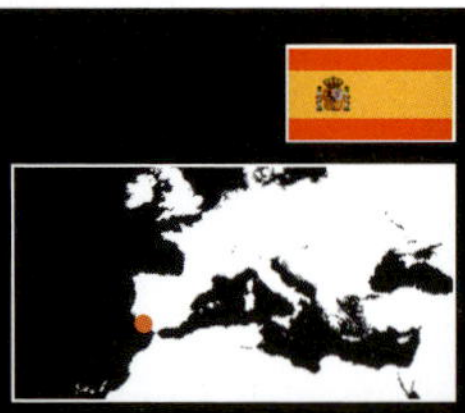

LONGITUD: 4423 m

ANTIGÜEDAD: 1985

DESTACA: El GP más multitudinario de Europa

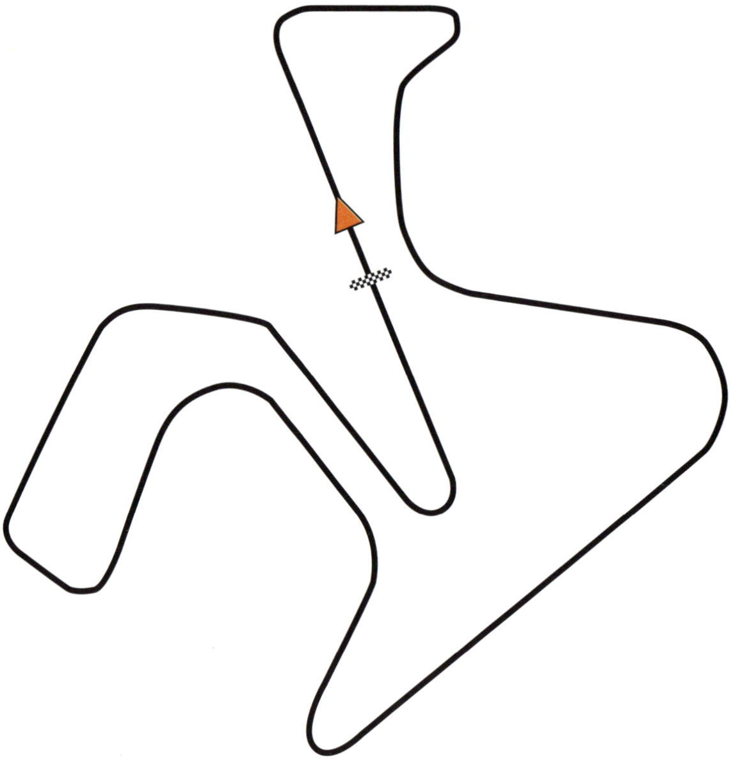

El circuito de Jerez de la Frontera - Ángel Nieto es el epicentro de la gran fiesta del motociclismo en Europa. Sin duda, el GP con mayor asistencia de público y mayor influencia en toda la región durante su celebración. Ese fin de semana, en Jerez y todos sus alrededores tienen lugar múltiples actividades.

En 1987 se celebró el primer Gran Premio de España puntuable para el campeonato mundial de velocidad. En 2002 se realizaron importantes cambios en *paddock* y se instaló el puente conocido como platillo volante en la recta de meta. En 2018 se renombró como circuito de Jerez - Ángel Nieto en memoria del gran piloto español, del que hay un gran busto en una de sus puertas de entrada que se ha convertido en el lugar de referencia donde los aficionados se sacan sus fotografías para el recuerdo. La zona del circuito en la que se instalan los aficionados más apasionados es la comprendida entre las curvas llamadas Nieto-Peluqui-Crivillé.

En los casi cuarenta años de competiciones motociclistas en Jerez, los aficionados han vivido grandes duelos y han sido testigos de sucesos memorables. Las luchas en pista entre Álex Barros, Kevin Schwantz y Wayne Rainey en 1993 con las salvajes 500 cc; la victoria de Alberto Puig en 1995, y la invasión de pista en la última vuelta de 1996, la cual evitó la primera victoria de Crivillé, marcaron el fin del siglo XX. En 2005, se vivió la batalla entre Rossi y Gibernau, en la que el italiano golpeó al español en la última curva y evitó su victoria. En 2007 tuvo lugar la carrera de 250 cc en el GP de España con más adelantamientos de la historia, hasta 42, en la que participaron Jorge Lorenzo, Álvaro Bautista y Andrea Dovizioso. En 2013 se repitió el incidente de la última curva, esta vez entre Rossi y Márquez, quienes se disputaban la segunda plaza, y la carrera terminó con victoria para Pedrosa, que entró primero destacado.

En la máxima categoría 500/MotoGP los españoles han acaparado la mayoría de las victorias celebradas en Jerez, seguidos de los italianos y de los australianos.

El GP de España que se celebra en el circuito de Jerez fue declarado oficialmente en 2025 como acontecimiento de excepcional interés público, lo que facilita ventajas económicas para los colaboradores privados y promoción institucional de la competición deportiva.

ASSEN

ASSEN, PAÍSES BAJOS (HOLANDA)

Desde que el TT de la Isla de Man perdió su calificación para las carreras puntuables con vistas al campeonato del mundo de velocidad, el circuito de Assen se erigió como el más mítico y deseado por todos los aficionados, quienes acabaron por ponerle el sobrenombre de La Catedral. El TT Trofeo Turístico holandés, también conocido como Dutch TT, tuvo originalmente un recorrido de 28,57 km por carreteras públicas y se fue recortando hasta que en 1949 se convirtió en fundamental dentro del mundial. Fue en 1955 cuando tomó casi su actual diseño, pensado específicamente para las motos. Aun así, luego volvió a ser algo modificado y recortado en 1976 y 1984, y por fin en 1990 se conformó como circuito cerrado.

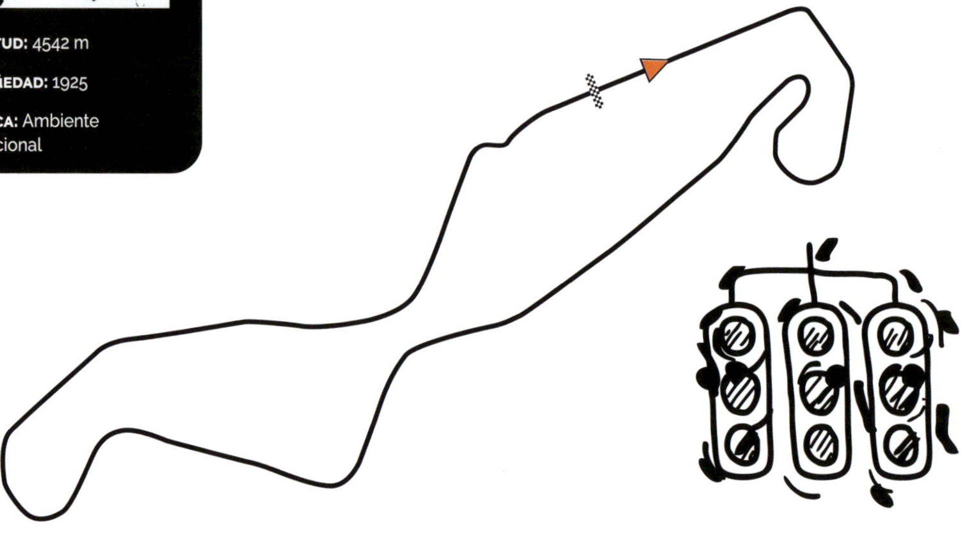

Es el circuito más antiguo de Europa en el que se siguen celebrando pruebas para el campeonato del mundo de velocidad, y el único en el que se han celebrado carreras todos los años del campeonato salvo en 2020, cuando se cancelaron como consecuencia de la pandemia de la COVID-19. Hasta el año 2015 se corría los sábados debido a una norma religiosa de descanso dominical y, a partir de 2016, igual que todos los mundiales, este pasó a celebrarse el último domingo del mes de junio. Debido a su situación en el norte de Holanda, atrae a aficionados de todos los países de Europa (norte, centro, sur, este y oeste), lo que garantiza un ambiente excepcional.

Fue un circuito mágico para Ángel Nieto, quien consiguió 15 victorias, seguido de Giacomo Agostini con 14 y de Valentino Rossi con 10. Su nulo desnivel al estar rodeado por verdes praderas con algunos canales permite una amplia visión a los asistentes desde casi cualquier punto del circuito. Tanto es así que cada año se llena y han llegado a congregarse allí hasta 200 000 aficionados. La combinación de sus tramos de rectas y curvas lo convierten en un circuito muy selectivo.

LONGITUD: 26 km

ANTIGÜEDAD: 1927

DESTACA: Trazado largo y complejo entre bosques

NÜRBURGRING

NÜRBURG, RENANIA-PALATINADO (ALEMANIA)

Entre los bosques de las montañas Eifel en Nurburg (Alemania), a 60 km de Coblenza, se encuentra el mítico circuito de Nürburgring, apodado el Infierno Verde. Este circuito es en realidad una carretera estrecha plagada de cambios de rasante, curvas ciegas, pronunciados peraltes y todo tipo de virajes que se construyó originalmente como pista de pruebas para la industria automotriz alemana. Acogió pruebas puntuables para el campeonato del mundo de velocidad en el año 1980 en su versión larga y hasta 1996 en su versión corta. El circuito largo, debido a sus características técnicas y a la imposibilidad de aplicarle las normativas modernas de seguridad, hace tiempo que no se utiliza para competiciones puntuables de motos y solo se frecuenta para alguna prueba de resistencia de automóviles.

Sus características lo han convertido en referencia para todos los fabricantes de coches del mundo que valoran aquí sus automóviles, y los récords conseguidos se publicitan como argumento de ventas. Lo más destacado es que en este circuito puede rodar en días específicos cualquiera que cumpla unos mínimos requisitos. La moto, por supuesto, debe estar en perfectas condiciones, así como el equipamiento completo del piloto, al que se le exige un tiempo mínimo para no entorpecer a pilotos más rápidos y el pago de una tasa por vuelta, el cual empieza en 30 €.

DAYTONA INTERNATIONAL SPEEDWAY

DAYTONA, FLORIDA (EE.UU.)

A 50 millas de Orlando, en la costa atlántica, la ciudad de Daytona está ligada al motor y es la referencia del este de los Estados Unidos, por no decir de todo el país. Su circuito encerrado en un estadio de proporciones colosales permite a los espectadores ver la práctica totalidad del trazado desde su asiento, ya que no presenta desniveles, pero sí fuertes peraltes. El trazado es adaptable y se utiliza según el tipo de competición. En óvalo, con tan solo cuatro curvas amplias y peraltadas, el llamado circuito Road utiliza la mayoría del primero más una zona más revirada en su interior, y el circuito para motos es mucho más revirado y utiliza solo una de las grandes curvas peraltadas del óvalo.

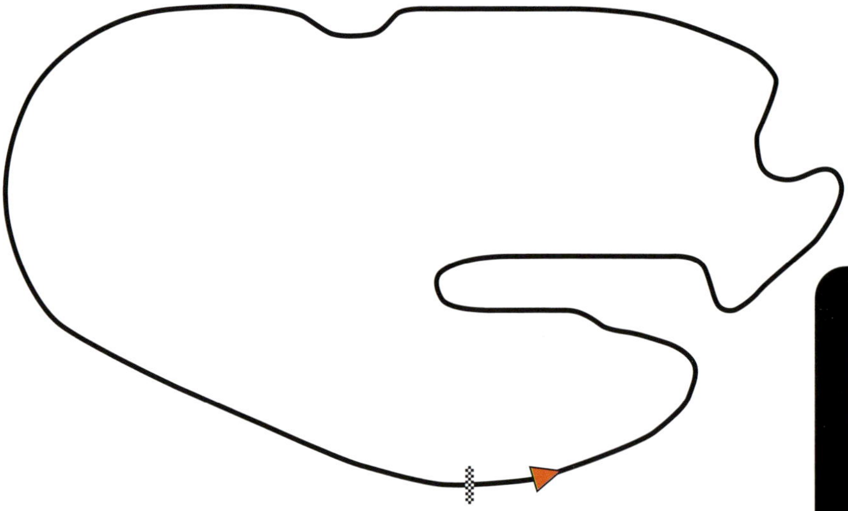

LONGITUD: 4023 (óvalo) / 5730, 6228 (road) km

ANTIGÜEDAD: 1959

DESTACA: Óvalo con peraltes y gradas visión completa

Es propiedad de NASCAR (National Association for Stock Car Auto Racing) y allí tienen lugar las más carismáticas carreras de automóviles de todos los Estados Unidos de América. Las motos disputan aquí una competición de 200 millas (320 km) desde 1937 con diferente longitud y tipos de motocicletas. Desde 1964 se utiliza el mismo trazado con algunas pequeñas variedades ocasionalmente, y siempre han sido los pilotos norteamericanos, seguidos de lejos por canadienses y australianos, los dominadores de esta carrera de velocidad/resistencia. Solo pilotos excepcionales como Giacomo Agostini en 1974, el venezolano Johnny Cecotto en 1976 y el francés Patric Pons en 1980 han sido capaces de vencer en su casa a los norteamericanos en esta singular carrera.

En su interior, entre la tribuna principal y el vial de los boxes, se construye cada año una pista de motocross para disputar pruebas del AMA Supercross.

Durante todo el año hay actividades de motor en este circuito de carreras cuyo interior se puede visitar en un tour turístico que enseña la historia y cuenta muchas de las singulares anécdotas de este particular circuito de velocidad único en el mundo.

SUZUKA INTERNATIONAL RACING COURSE

SUZUKA, MIE. ISLA DE HONSHU (JAPÓN)

Situado a 60 kilómetros al sur de la ciudad de Nagoya y propiedad de Honda, este circuito es de los pocos que tienen un trazado que se cruza al pasar la pista por encima de otro tramo del circuito, lo que se conoce como con forma de ocho. Es, según los pilotos, uno de los trazados más exigentes y, a la vez, gratificantes del mundo debido a la combinación de todo tipo de curvas, como las cinco enlazadas que se suceden en forma de S en el primer sector antes de la curva Dunlop y del túnel.

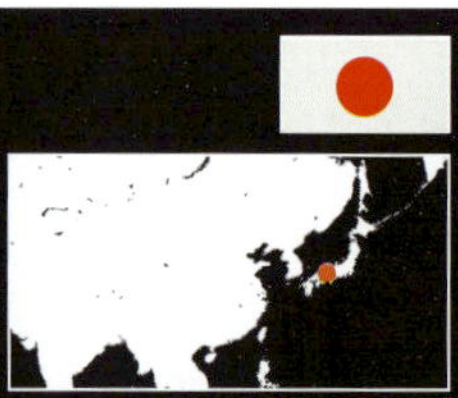

LONGITUD: 5807 m

ANTIGÜEDAD: 1962

DESTACA: Trazado en forma de 8

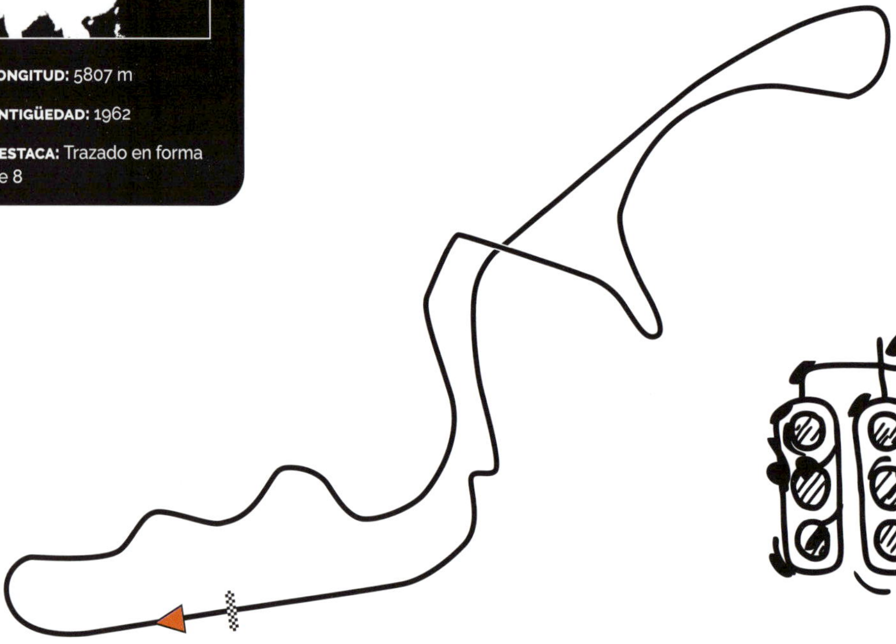

Soichiro Honda, fundador de la marca de automóviles y motocicletas con su nombre, estaba convencido de que las competiciones serían una excelente forma de promoción de sus productos. En 1959 compró unos terrenos y mandó diseñar al holandés John Hugenholtz un circuito de competición en una zona ocupada por arrozales cuando Japón aún disponía de pocas carreteras asfaltadas.

En una de las primeras competiciones de motos, el alemán Ernst Degner, conocido por desertar a Occidente procedente de la Alemania oriental y llevarse con él la tecnología puntera de los motores de moto, tuvo un accidente antes del túnel y los japoneses pusieron su nombre a la curva. En 1982, con la vuelta de Honda al mundial de velocidad, Suzuka se incluyó en el calendario. Durante toda su historia se han realizado múltiples actuaciones para mejorar la seguridad del circuito, que tuvo su peor momento con el siniestro de Dajiro Kato, joven estrella del motociclismo japonés, quien falleció en 2003 al chocar contra un muro en la chicane Casio y la FIM eliminó este circuito de su campeonato del mundo, que pasó a disputarse en el circuito de Motegui.

La competición puntuable para el mundial de resistencia de las Ocho horas de Suzuka se lleva celebrando ininterrumpidamente desde 1978 y tiene una gran aceptación en el país.

Junto al circuito, hay un parque de atracciones en el que, además de en las clásicas instalaciones como la noria, que es un símbolo del circuito, se puede montar en pequeños automóviles eléctricos biplazas para rodar por el mismo circuito donde compiten los coches de Fórmula 1.

CIRCUITO DE SARTHE, LE MANS

LEMANS, LOIRA (FRANCIA)

Destaca la larga historia de uno de los circuitos más carismáticos de Europa, el cual tuvo su origen en la carrera motociclista de principios de los años veinte del pasado siglo por carreteras abiertas en un circuito triangular desde Le Mans a Mulsanne y viceversa. La evolución ha dejado hoy tres trazados diferentes que se utilizan según el tipo de competición. El más conocido popularmente debido a la carrera de veinticuatro horas de automóviles tiene 13 629 m y es el que utiliza vías abiertas al tráfico público fuera de los días de competición, pero para las motos se sigue un trazado mucho más corto denominado Bugatti, cerrado y permanente.

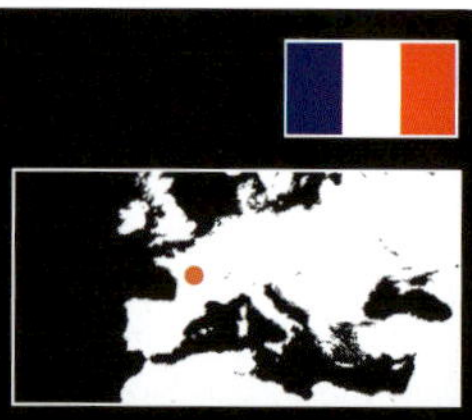

LONGITUD: 4185 m

ANTIGÜEDAD: 1923

DESTACA: Historia legendaria

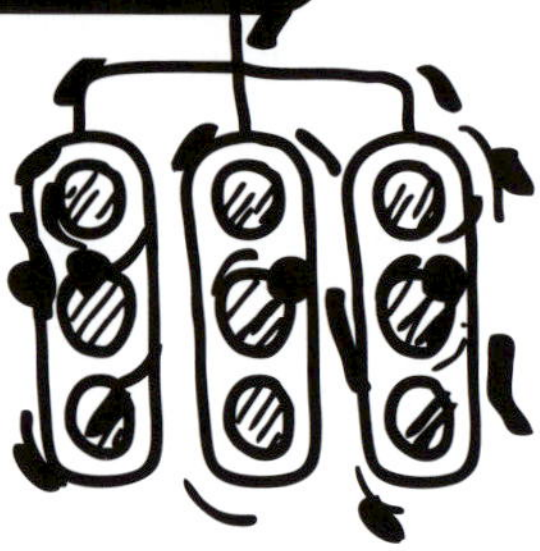

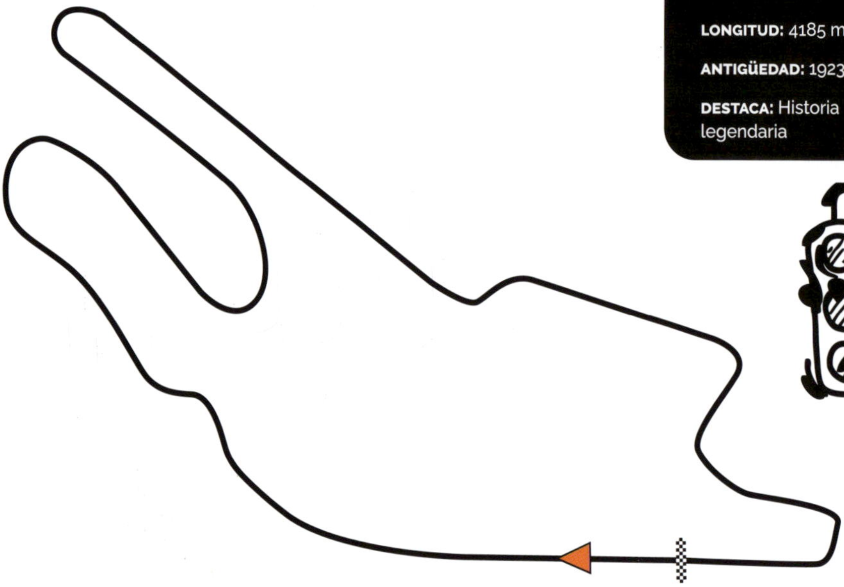

En este trazado se disputan desde 1978 las carreras del campeonato del mundo de resistencia, de veinticuatro horas de duración, las cuales, junto con el Bol d'Or, de la misma duración y también en Francia (circuito Paul Ricard), el circuito de Ocho horas de Suzuka (Japón) y el de Ocho hora de Spa (Bélgica), fueron las puntuables para el campeonato de 2024. Sus curvas de horquilla y ángulos de 90º obligan a fuertes frenadas y bruscas aceleraciones. Con respecto al mundial de velocidad, en este trazado tiene lugar durante la primavera el llamado GP de Francia, y la prueba del campeonato mundial de superbikes. El accidente que sufrió Alberto Puig en el año 1995 hizo que este circuito desapareciera del calendario hasta que se mejorara su seguridad.

Se trata de un circuito talismán para los pilotos españoles, pues es aquí donde han vencido en veinte ocasiones (hasta 2024). La afición francesa venera este circuito que llena hasta la bandera con ocasión de cada gran premio.

AUTÓDROMO NACIONAL DE MONZA

MONZA, MILÁN (ITALIA)

He aquí el circuito permanente más antiguo de Italia, y su pista de carreras, la más legendaria. Construido originalmente para probar los vehículos italianos tras la Primera Guerra Mundial, cuando el país vivió su primer gran crecimiento de la industria automotriz. Se diseñó sobre un parque y tuvo que modificarse en varias ocasiones, pero con un ingente esfuerzo económico, de personal y de material, se llegó a tiempo, tras unas obras frenéticas de 110 días, para celebrar el GP de Italia de 1922. A partir de entonces, se realizaron cambios importantes en el trazado. En el periodo entre guerras, se sucedieron varios accidentes fatales. Por ejemplo, en 1928 un automóvil acabó con la vida de 28 espectadores, y en 1931, de otros tres, pero el circuito aún viviría otro acto luctuoso en 1933 con el fallecimiento de dos conductores italianos y, pocas horas después, de otro piloto polaco. A principios de 1938 se realizaron modificaciones radicales en el circuito y se llegó a diseñar uno prácticamente nuevo, aunque

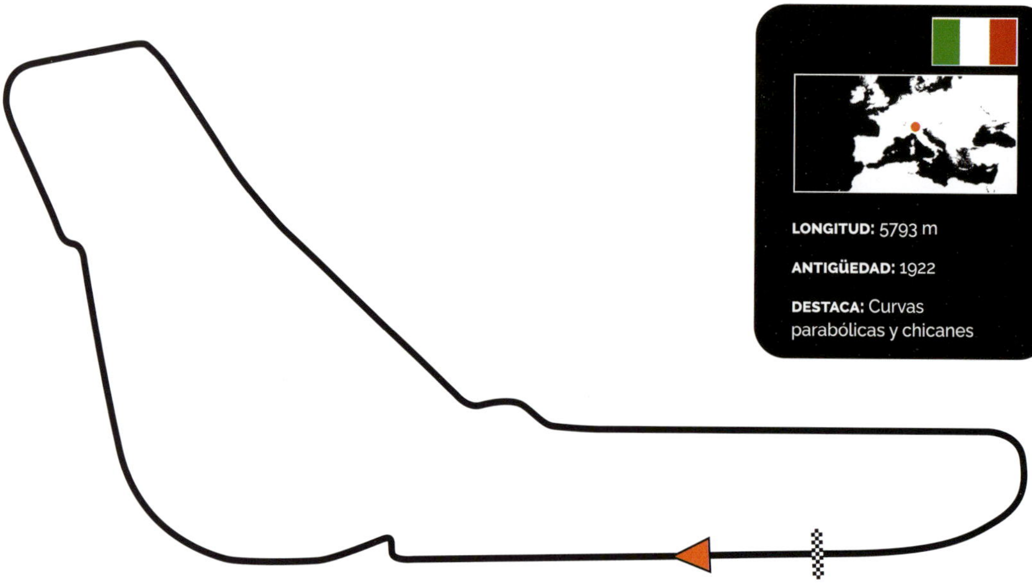

LONGITUD: 5793 m

ANTIGÜEDAD: 1922

DESTACA: Curvas parabólicas y chicanes

no se pudo ejecutar por completo. Durante la Segunda Guerra Mundial, el paso de vehículos militares destrozó gran parte de las instalaciones, las cuales incluso se utilizaron como jaulas para guardar los animales del zoo de Milán. Una vez recuperado en 1949, fue objeto de otra gran modificación en 1955, que fue cuando el circuito de alta velocidad con peraltes muy pronunciados se construyó sobre pilares de hormigón. Este circuito de alta velocidad se utilizó hasta 1961 tanto para carreras como para récords de velocidad, pero de nuevo un accidente acabó con 15 espectadores y puso punto final a la pista inclinada. A pesar de las mejoras y de los chicanes para aumentar la seguridad, no dejaron de ocurrir fatales sucesos, incluso se dio la circunstancia de que Jochen Rindt, fallecido en esta pista, fue el único piloto declarado campeón del mundo de Fórmula 1 a título póstumo.

En el circuito se celebraron pruebas puntuables para el mundial FIM desde 1949 hasta el fatídico año de 1973, cuando en la primera vuelta de 250 fallecieron Renzo Pasolini y Jarno Saarinen, y, solo cuarenta días después, en el mismo punto, otros tres pilotos juveniles. Desde entonces únicamente se han celebrado pruebas del mundial de vez en cuando, y se ha ido alternando el GP de Italia de motociclismo con los circuitos de Imola, Mugello y Misano.

Con sus tres chicanes y sus dos amplias y características curvas, Curve di Lesmo y Parabólica, Monza tiene un poso histórico fundamental en el mundo del motor italiano, también marcado por la tragedia. Todo ello convierte este circuito en una referencia fundamental entre las pistas de carreras más recordadas del mundo.

PHILIP ISLAND

PHILLIP ISLAND, MELBOURNE (AUSTRALIA)

Posiblemente el circuito con el más bello entorno natural de todos los que hay en el mundo. Cerca de Melbourne, rodeado de aguas del mar de Tasmania, entre cimas y acantilados, su trazado serpentea a lo largo del sur de la isla con un tramo justo en el límite de la costa marina.

En sus inicios, el australiano Tom Phillis ganó varias veces el denominado GP de Victoria, que se celebraba el primer día del año, y llegó a sumar 12 victorias con motos Norton y Honda, por lo que pasaron a llamarlo el *Rey de Philiph Island*. Las siguientes décadas el circuito cayó casi en el olvido, hasta que un héroe local, Wayne Gadner, ganó su título mundial en 1987 con el equipo

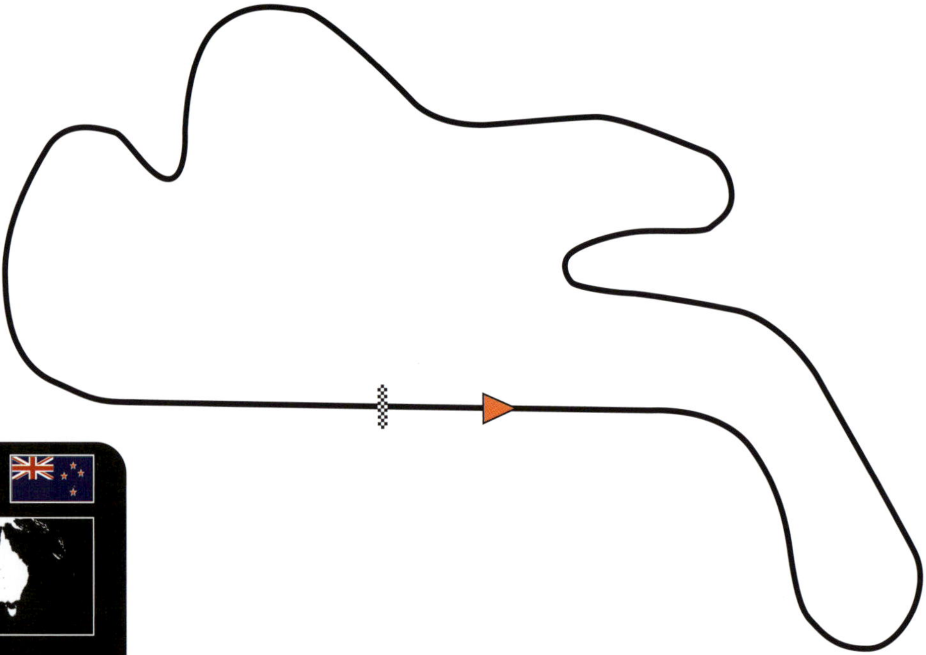

LONGITUD: 4445 m

ANTIGÜEDAD: 1956

DESTACA: Entorno natural

Rothmans Honda. Sin embargo, no fue hasta la llegada de otro australiano, en esta ocasión Casey Stoner, quien dominó y ganó aquí todas las temporadas desde 2007 a 2012, cuando el circuito se popularizó absolutamente entre los aficionados australianos y por medio de las imágenes de televisión en todo el mundo.

El diseño está muy bien considerado entre los corredores de motos, pues ofrece curvas largas y rápidas como la nombrada Doohan o el viraje Stoner, que obliga a un trazado muy abierto, en tanto que la curva llamada Siberia, que es muy redonda, obliga a pilotar fino para enlazar rápidamente las muy veloces curvas 7 y 8 hasta Lukey Heights, seguida de una fuerte frenada para abordar un ángulo de derechas.

Al igual que los pilotos, público, periodistas y especialmente fotógrafos admiran este circuito por sus características y belleza natural.

RALLY DAKAR

ÁFRICA, SUDAMÉRICA, ARABIA SAUDI

LONGITUD: entre 5000 y 10 000 km

ANTIGÜEDAD: 1978

DESTACA: El *rally* más duro del mundo por longitud y territorios atravesados

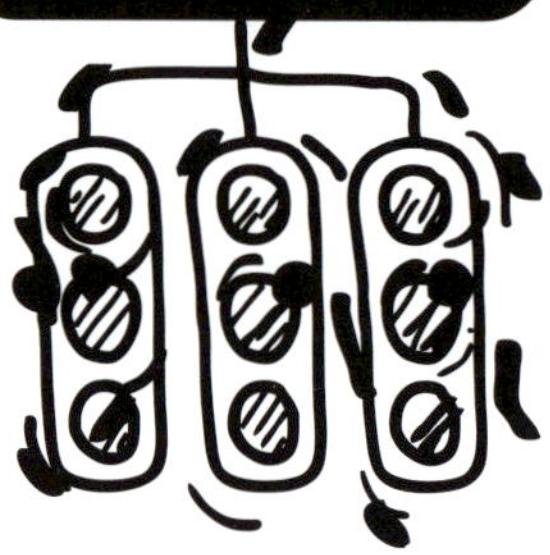

El Rally Dakar comenzó en 1978 con el nombre París-Dakar. Su creador fue Thierry Sabine (13/06/1949 - 14/01/1986) de quien cuenta la leyenda que se le ocurrió la idea perdido en el Sáhara de Libia con una Yamaha 500 XT durante una prueba de aventura denominada Rally Abiyán-Niza. Falleció en un accidente de helicóptero en Malí. Ha dejado su célebre frase «esta carrera es un desafío para los que parten y un sueño para los que quedan».

El Dakar se disputa a final de año o principio de enero y está considerado el *rally* más duro del mundo. Hasta 2008 se salía de una ciudad europea (París, Barcelona, Lisboa, Granada) y finalizaba en Dakar, capital de Senegal. En 1992 la competición atravesó toda África hasta Ciudad del Cabo y en 2000 y 2003 finalizó en Egipto. Suspendido en 2008 por amenaza terrorista ya no se volvió a África pasando a celebrarse en Sudamérica, entre los países de Argentina, Bolivia, Chile, Paraguay y Perú hasta 2019. Desde 2020 se corre en Arabia Saudí.

Actualmente se disputa para vehículos divididos en cinco grupos: automóviles, motos, camiones, quads y «*side by side*», con diferentes categorías entre profesionales y aficionados. Debido a la numerosa inscripción que superaría la capacidad organizativa y logística, a pesar de ser más de 2000 personas las que trabajan en el evento, a todos los participantes se les requiere currículo de experiencia previa en otros *rallys*.

Con el paso de los años la carrera evolucionó de una competición *amateur* con brújula, mapas de papel y notas donde primaba la navegación y la aventura personal, a una carrera *off road* donde prima la velocidad, gracias a la ayuda de sistemas tecnológicos de navegación digital. La importante repercusión mediática con programas especiales de televisión en los cinco continentes hace que las marcas de motos más prestigiosas presenten equipos muy potentes, siendo

KTM la que más victorias ha conseguido, seguida por Yamaha, Honda y BMW. Entre los pilotos, Stéphane Peterhansel es el más laureado (6 victorias en moto y 8 en coche) seguido de Cyril Neveu, Cyril Despres y Marc Coma con 5 cada uno. El espíritu original lo han mantenido siempre los pilotos privados; héroes como Carles Falcon Brunet (en la imagen) que arriesgan todo por cumplir su sueño, correr el Dakar.

La dureza del *rally* queda descrita con los números, en la primera edición de 10 000 km de recorrido partieron de París 90 motos y 80 automóviles finalizando 74 vehículos. En 1986 salieron a competir 486 vehículos y solo acabaron 100 de ellos. 2018, en Perú, y 2025, en Arabia Saudí, son los que mayor numero de bajas tuvieron en sus respectivos territorios.

En 2025 participaron 778 competidores en 434 vehículos, y la repercusión mediática fue muy destacada. Se pudo ver en 190 países a través de 70 cadenas de televisión, con 128 medios acreditados de 48 nacionalidades. Más de 14 millones de personas consultan la web cada año y 1,4 millones la siguen en directo por internet en la web oficial. El Dakar también tiene una faceta solidaria con la ayuda a las por las que discurre el *rally*.

Las películas, los documentales y los libros de temática motociclista son los más deseados por la comunidad de aficionados, y acostumbran a ser devorados con pasión. Muchas veces ni tan siquiera importa su calidad artística.
Es por ello que hemos seleccionado de la filmoteca los títulos más carismáticos y representativos, producidos a lo largo de más de un siglo de historia de la moto y del cine. Veremos películas que incluyen escenas de acción espectaculares y siempre recordadas, pero en las que la moto no es el tema principal de la película.
Los libros de viajes en motocicleta son mayoría por número de títulos publicados, y van seguidos por las biografías de pilotos, los de técnica y los dedicados a marcas o modelos concretos. A continuación se incluye un listado de imprescindibles, con independencia de su estilo o temática.

PELÍCULAS DOCUMENTALES y LIBROS

THE WILD ONE (SALVAJE)

PELÍCULA

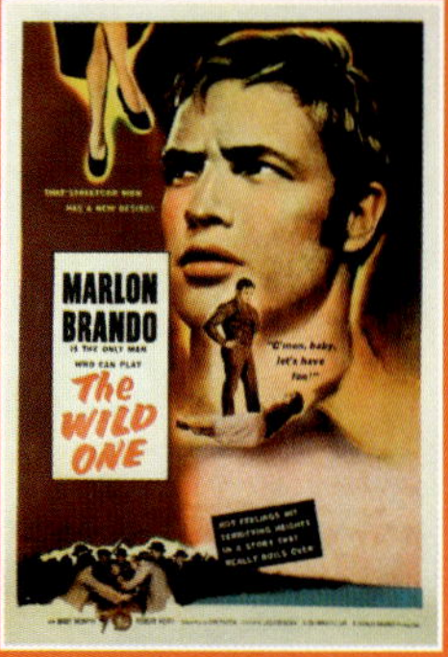

ESTRENO: Diciembre de 1953

PRODUCTORA: Columbia Pictures

DIRECTOR: László Benedek

PROTAGONISTAS: Marlon Brando, Mary Murphy, Lee Marvin, Robert Keith, Jay C. Flippen, Peggy Maley

DURACIÓN: 79 min

GÉNERO: Drama

Basada en la novela *The Cyclists' Raid*, escrita por Frank Rooney, plantea un suceso real que tuvo lugar en el pueblo californiano de Hollister el 21 de julio de 1947. La banda de motoristas Black Rebels Motorcycle Club comienza a provocar problemas en el pueblo donde se celebra una carrera de motos. Uno de sus miembros roba el trofeo de la prueba y se lo entrega al jefe de su banda, Johnny Strabler (Marlon Brando). En el pueblo próximo, uno de los miembros del grupo sufre un accidente automovilístico que los obliga a permanecer unos días allí, durante los que el jefe conoce a Kathie, hija del policía local. Es entonces cuando llega al pueblo otra banda de motoristas, dirigida por Chino, que les vuelve a robar el trofeo. Ahí empieza la lucha entre ambos grupos, y, en una contienda, un vecino atropella a un motorista del grupo de Chino y la policía lo arresta durante los disturbios. Los motoristas de la otra banda acorralan a Kathie hasta que Johnny aparece, la rescata y la aleja de la ciudad, pero varios vecinos malinterpretan la situación y atrapan a Johnny. Entre todos lo golpean y, cuando consigue huir en su moto, pierde el conocimiento y la moto, sin control, atropella y mata al anciano trabajador del café al que acudían. En principio lo detienen, pero los testigos confirman su inocencia en el accidente y la banda abandona el pueblo. Johnny regresará únicamente para despedirse de Kathie y entregarle el disputado trofeo.

Esta película fue estrenada en los Estados Unidos el día 30 de diciembre de 1953. Estuvo censurada en todo el Reino Unido hasta que fue clasificada como «X», allá por noviembre de 1967. La marca Triumph, que en principio procuraba evitar la película por las bandas callejeras de motoristas, hoy ve con buenos ojos esta película clásica y promociona la imagen de Marlon Brando en sus publicidades.

EASY RIDER

PELÍCULA

ESTRENO: 1969

PRODUCTORA: Independiente, Peter Fonda, William Hayward, Bert Schneider

DIRECTOR: Dennis Hopper

PROTAGONISTAS: Peter Fonda, Dennis Hopper, Jack Nicholson, Phil Spector, Luke Askew

DURACIÓN: 95 min

GÉNERO: Drama, *road movie*

Esta película dramática, del género *road movie,* fue protagonizada por Peter Fonda, Jack Nicholson y Dennis Hopper, quien también fue su director. Es uno de los más grandes ejemplos en la historia del cine independiente de éxito, pues recaudó más de cien veces su coste y fue ganadora de gran cantidad de premios. Se la considera referencia de la contracultura norteamericana de la década de 1960.

El argumento gira en torno a dos jóvenes que deciden traficar con cocaína para financiarse un viaje en sus motos customizadas por varios estados del sur de los Estados Unidos hasta llegar al carnaval de Nueva Orleans, el famoso Mardi Gras. A lo largo de la ruta se van enfrentando a las diferentes caras de la sociedad norteamericana. Así, se cruzan con una familia de rancheros, un hippie autoestopista y un abogado alcohólico (Jack Nicholson) que los saca del calabozo de un pueblo en el que los detienen con el pretexto de que desfilaban sin permiso. El abogado se une al viaje hasta que fallece, en Luisiana, porque los lugareños los apalean mientras duermen. Los protagonistas continúan su viaje y llegan a disfrutar del carnaval entre prostitutas y bajo los efectos de la droga más de moda del momento, el LSD. Finalmente, en su viaje hacia Florida, son atacados por dos hombres que pretenden asustarlos y acaban muriendo tiroteados en la carretera, con la moto prendida fuego. Peter Fonda y la motocicleta Captain América, con su depósito de lágrima pintado con la bandera norteamericana, quedan tumbados en el asfalto, en una vista aérea que pone fin a la película.

La cinta también se nutre de memorables piezas musicales cedidas por sus autores, como *If 6 Was 9* y *Steppenwolf – Born To Be Wild* (Nacido para ser libre), de Jimi Hendrix, en especial el último un tema mundialmente asociado a los viajes en motocicleta. En 1998, la película fue considerada «cultural, histórica y estéticamente significativa» por la Biblioteca del Congreso de los Estados Unidos, y fue seleccionada para su conservación en el National Film Registry.

ESTRENO: 2005

PRODUCTORA: WFI Productions

DIRECTOR: Roger Donaldson

PROTAGONISTAS: Anthony Hopkins, Bruce Greenwood, Diane Ladd

DURACIÓN: 127 min

GÉNERO: Aventuras, drama (basada en hechos reales)

BURT MUNRO: UN SUEÑO, UNA LEYENDA

PELÍCULA

Durante décadas, desde principios del siglo XX, Burt Munro invierte todo su tiempo libre y sus recursos en su garaje particular, situado en Invercargill (Nueva Zelanda), donde perfecciona y prepara una motocicleta Indian del año 1920. Su objetivo final, su sueño, es batir el récord de velocidad en las llanuras saladas de Bonneville (Utah, Estados Unidos).

Esta película, cuyo título original reza *The World´s fastest Indian*, está magistralmente protagonizada por Anthony Hopkins, a quien los aficionados al motor relacionarán siempre con el soñador neozelandés en lugar de con su personaje más popular, Hannibal Lecter, el asesino caníbal de *El silencio de los corderos*. Este filme está catalogado entre los veinte mejores de Nueva Zelanda y, según el crítico cinematográfico Heather Boemer, «muchas películas exaltan las virtudes de perseguir tus sueños, pero pocas lo hacen con tanta alegría como esta».

La moto era una Indian Scout de 600 cc del año 1920 que originalmente alcanzaba los 85,5 km/h, que modificó durante muchos años, y a la cual denominó Munro Special al subir su cilindrada, con pistones fabricados por él mismo, hasta alcanzar casi los 1000 cc.

En la década de 1940, el personaje impuso sus récords de velocidad en Nueva Zelanda y, a partir de los años cincuenta, fijó su punto de mira en las salinas de Bonneville. Burt participó con su moto, tan artesanal que prácticamente debía ser reconstruida entera cada vez que corría. El singular y veterano equipo participó en nueve ocasiones, hasta el año 1967. Ya con 68 años consiguió un récord oficial, los 296,5 km/h, con una velocidad máxima no homologada de 331,99 km/h, lo que demuestra que aquella ha sido la motocicleta Indian más rápida de toda la historia.

ON ANY SUNDAY

DOCUMENTAL

ESTRENO: 1971

PRODUCTORA: Brown – Solar

DIRECTOR: Bruce Brown

PROTAGONISTAS: Steve McQueen, Mert Lawwill, Malcolm Smith

DURACIÓN: 96 min

GÉNERO: Documental

Titulada en español *Prueba 1,* el documental trata sobre la pasión por las motocicletas en los Estados Unidos durante los años setenta. La pregunta «¿Por qué lo hacéis?» es la primera de las cuestiones que plantea el realizador Bruce Brown a todos los que participan en la película.

El realizador muestra los talentos y las actitudes necesarios para los diferentes tipos de competición motociclista *on* y *off road*. Los pilotos de motocross eran los típicos espíritus libres, mientras que los de enduro por desierto solían ser más solitarios. Igualmente, presenta el enfoque empresarial de las carreras que sostiene Mert Lawwill frente al despreocupado de David Aldana. Entre los pilotos que se cuelan en el documental, aparecen algunos de los más reconocidos del momento, como Malcolm Smith o el actor y apasionado motociclista Steve McQueen, quien financió el filme.

Por otro lado, en las escenas de acción aparecen motocicletas de las marcas Triumph, BSA, Husqvarna, Harley Davidson, Honda Yamaha, Suzuki y las muy competitivas Montesa y Bultaco, muy cotizadas entre los estadounidenses. Muchas de las escenas fueron tomadas de las carreras del Grand National, por lo que fue necesario recurrir a singulares inventos técnicos para utilizar los superteleobjetivos con los que se consiguieron impactantes imágenes y a la instalación de cámaras de cine en el casco de los pilotos. Las secuencias de la playa fueron filmadas, con un permiso especial previo, en la Base del Cuerpo de Marines de Pendleton.

Esta película es considerada por algunos críticos como el mejor documental de motos de la historia del cine, y de ahí que tuviera varias secuelas: *Un domingo cualquiera II* (1981), *Un domingo cualquiera II: revisado* (2000), *Motocross, Malcolm y más* (2001) y *El próximo capítulo* (2014). Según su director, esta película había sido capaz de cambiar la percepción popular en torno a los motoristas, que pasaron de ser percibidos como chicos malos a grandes héroes. Consta entre los cien mejores documentales deportivos e incluso fue nominada al Óscar en el año 1972.

LONG WAY ROUND

DOCUMENTAL

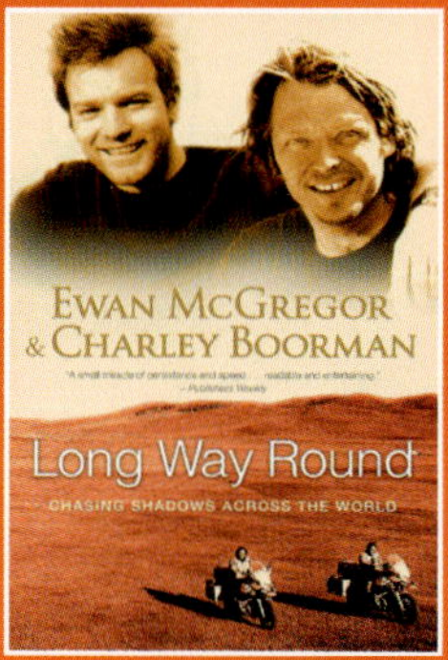

ESTRENO: 2004

PRODUCTORA: David Alexanian, Russ Malkin

DIRECTOR: Claudio von Planta

PROTAGONISTAS: Ewan McGregor, Charley Boorman

DURACIÓN: 7 capítulos de 42 minutos cada uno

GÉNERO: Documental de viaje

Este documental de la televisión británica muestra el viaje de 31 000 km que realizaron el actor Ewan McGregor y su amigo Charley Boorman desde Londres hasta la ciudad de Nueva York, rodeando el mundo hacia el este por el hemisferio norte. Se emitió en Sky One y, posteriormente, en BBC Two y Apple TV, al igual que sus secuelas *Long Way Down* (2007), un viaje atravesando África de norte a sur, y *Long Way Up* (2020), un recorrido de Ushuaia a Alaska. Lamentablemente, ninguna de ellas tuvo el mismo éxito que la primera.

Las motos utilizadas fueron BMW R 1150 GS Adventure, pues KTM rechazó su colaboración en el proyecto. Todos los vehículos fueron equipados con material especial para filmación como cámaras, micrófonos y pantallas de visualización, además de GPS de navegación con mapas de Mongolia y Siberia. El equipo de filmación y asistencia viajó en todoterrenos Mitsubishi, una camioneta L200 Animal LWB 4X4 y otra Shogun Warrior DI-D. Ocasionalmente, se utilizaron camiones con tracción total para facilitar el paso por algunos tramos en Siberia, ya que el viaje coincidía con el deshielo y había tramos casi intransitables.

Durante la grabación se cruzaron doce países: el Reino Unido, Francia, Bélgica, Alemania, República Checa, Eslovaquia, Ucrania, Rusia, Kazajstán, Mongolia, Canadá y Estados Unidos. El documental consta de siete capítulos: 1. «Preparación», 2. «Londres – Volvogrado», 3. «Kazajistán», 4. «Barnaul – Mongolia», 5. «Mongolia – Yakutsk», 6. «Yakutsk – Magadán» (carretera de los huesos) y 7. «Anchorage – Nueva York». En una reedición posterior más completa, se amplió a diez el número de capítulos.

Sus escenas de gran calidad, las tradicionales imágenes de paisajes singulares y la fama de uno de sus protagonistas, Ewan MacGregor, lo convierten en el documental de viajes en moto más especial de cuantos se hayan rodado.

LOS VIAJES DE JÚPITER

LIBRO

PUBLICACIÓN: 1979 (inglés), 2009 (castellano)

EDITORIAL: Interfolio

AUTOR: Ted Simon

DESTACA: El libro más vendido e influyente sobre viajes en motocicleta en todo el mundo

El periodista Ted Simon (Alemania, 1931), que hasta el año 1972 jamás había prestado especial atención a las motos y se había dedicado a la información general y de Fórmula 1, decide conocer el mundo dando una vuelta completa, sin fecha de retorno, y elige una motocicleta Triumph Tiger 500 como el vehículo perfecto.

Este libro narra cómo, a lo largo de la ruta, va conociendo a múltiples personajes y se va descubriendo a sí mismo. Publicado seis años después de acabar su ruta, el argumento se centra en demostrar que todo viaje es, finalmente, una exploración del mundo exterior e interior de cada persona. En la lectura predomina el equilibrio entre las descripciones geográficas, humanas, sociales, técnicas y emocionales. Todo a través de una narrativa amena que nos muestra el mundo tal como era a mediados del siglo xx, antes de la revolución tecnológica.

El recorrido empieza en Inglaterra; pasa por Francia, Mónaco, Italia, Túnez, Libia, Egipto Sudán, Etiopía, Kenia, Tanzania, Zambia, Rodesia (actual Zimbabue), Sudáfrica, Suazilandia, Mozambique, Brasil, Argentina, Chile, Bolivia, Perú, Ecuador, Colombia, Panamá, Costa Rica, Nicaragua, Honduras, Guatemala, México, los Estados Unidos, Australia, Singapur, Malasia, la India, Sri Lanka, Nepal, Pakistán, Afganistán, Irán, Turquía, Grecia, Yugoslavia (hoy un país dividido en seis naciones independientes), Austria, la República Federal de Alemania, Suiza, Francia y el Reino Unido. Con un total de 126 000 km recorridos en cuatro años.

Se dice que la lectura de este libro ha empujado a la carretera a miles de personas, entre ellas Ewan MacGregor y Charly Boorman (serie *Long Way Round),* que se lanzaron a su periplo mundial tras quedarse admirados de lo escrito. En el libro no solo se describen paisajes certeramente, haciendo agudas observaciones y demostrando una sabia percepción en situaciones a veces acompañadas de tensión y peligro. También se reflejan la relación del autor con la motocicleta y las inquietudes interiores de quien vive experiencias exóticas e irrepetibles en un mundo que ha cambiado mucho en el último medio siglo.

PUBLICACIÓN: 1990

EDITORIAL: Norma Editorial

AUTOR: Christian Debarre (Bar2) y Stéphane Deteindre (Fane)

DESTACA: Colección de ocho cómics con caricaturas estereotipadas de motoristas

JOE BAR TEAM

LIBRO

Joe es el regente de un bar en el París de los años setenta en el que se congregan los motoristas típicos con sus monturas características de la época. Los personajes principales son Pepe Balleta (Kawasaki 750 H2), Jack el Destripador (Ducati 900 SS), Too Fast Eddie (Honda CB 750) y Jou Cronwell (Norton 850 Comando MK1). A estos se unirán con el tiempo Jeremias Puré (Harley Davidson 883 Sportstrack), Pablo Tirapalante (Yamaha 600 XTE Supermotard) y Pedro Mapache (Yamaha 1200 V Max).

Los personajes, sus ingeniosos nombres (referidos a expresiones típicamente motoristas) y sus carismáticas monturas evolucionan a lo largo de las publicaciones para mostrar siempre la faceta más divertida del colectivo y adaptarse a los cambios. Los policías de tráfico también son parte fundamental en casi todas las tramas, donde los personajes repasan todos los arquetipos de los motoristas, sus acciones y conversaciones. Las risas están aseguradas, especialmente entre quienes conocen la jerga motociclista y sus formas de entender la apasionada vida de la moto, sus riesgos y exageraciones.

La colección está conformada por ocho volúmenes más un epílogo titulado «La enciclopedia imbécil de la moto», en el que se ahonda en la descripción de los tipos clásicos de motoristas franceses, y por extensión europeos, y en sus mentalidades, pues por lo general, se alejan mucho del concepto norteamericano de *biker*. Los diferentes capítulos fueron publicados por entregas en las más prestigiosas revistas de motos en papel de toda Europa durante decenios.

Aunque actualmente la colección Joe Bar Team se encuentra descatalogada, se pueden encontrar ejemplares (https://www.motoscoot.net/blog/joe-bar-team-comic/) que deben figurar entre los imprescindibles de cualquier biblioteca de un aficionado a las motocicletas y a su mundo.

ARIAS-PAZ MOTOCICLETAS

LIBRO

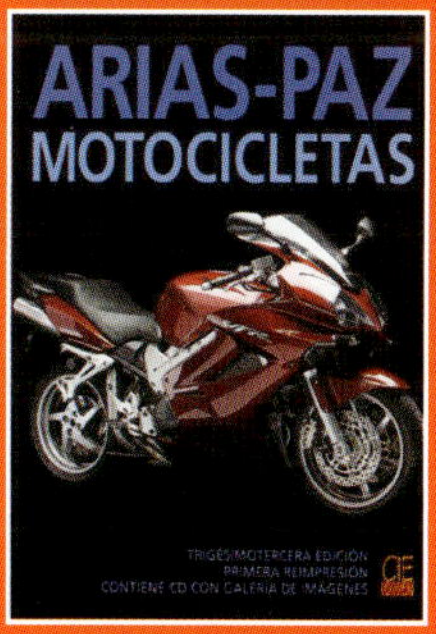

PUBLICACIÓN: Primera edición: 1957, última edición: 2010

EDITORIAL: CIE-DOSAT

AUTOR: Manuel Arias-Paz Guitián

DESTACA: Manual práctico. La biblia de la mecánica

Manuel Arias-Paz Guitian (La Coruña, 1899 - Madrid, 1965) fue un ingeniero militar que escribió los libros más influyentes sobre mecánica en España durante todo el siglo xx. Todos los talleres, de automóviles, de motocicletas e incluso de tractores, tuvieron como libro de cabecera estos manuales tan informativos como prácticos. Durante décadas, la mecánica de mantenimiento y reparaciones básicas, en especial de las motos, era practicada por los propietarios que consultaban el manual Arias Paz, pues sus explicaciones e ilustraciones permitían a cualquier usuario con los conocimientos básicos afrontar complejas reparaciones.

Desde su primera edición en 1941 hasta el primer decenio del siglo xxi, es decir, durante más de sesenta años, este libro de mecánica descriptiva, gracias a su lenguaje sencillo y coloquial y a su comedido uso de términos técnicos, fue considerado la biblia del motociclismo y llegaron a realizarse 33 ediciones y múltiples reimpresiones. Todas las primeras ediciones están consideradas verdaderas obras de arte.

En la edición de 1957, Arias-Paz define las motos y a los motoristas de la época. «Las motocicletas son vehículos usualmente conducidos y cuidados por sus propietarios, casi siempre personas jóvenes que las utilizan tanto para el trabajo como para excursiones. El ambiente deportivo que propicia la motocicleta, el hecho de tener los mecanismos accesibles y a la vista, el bajo coste de su mantenimiento y la posibilidad de guardarla en el portal de la propia casa son más razones que añadir para que el propietario aprenda a cuidar de su vehículo solo y se preocupe de su puesta a punto e incluso efectúe pequeñas reparaciones que no necesitan maquinaria de taller».

La última edición fue la número 33, del año 2010, e incluía un CD con imágenes de motocicletas de la época. Los tutoriales y la información disponibles en internet acabaron con las ediciones del libro Arias Paz que todos los motoristas veteranos conservan a día de hoy en su librería como oro en paño, por tratarse de uno de los manuales más utilizados y leídos.

DE LA TIERRA A LA LUNA EN MOTOCICLETA

LIBRO

PUBLICACIÓN: 2020-2025

EDITORIAL: Caligrama

AUTOR: Emilio Scotto

DESTACA: Serie de siete apasionados libros de viajes

Emilio Walter Scotto (Buenos Aires, 1954) viajó por el mundo durante toda una década a bordo de una Honda Goldwing 1100 Interstate a la que llamó la Princesa Negra. Durante todo este tiempo publicó sus crónicas de viajes en revistas y, al concluir su periplo, sacó al mercado un libro en inglés titulado *The Longest Ride* (2007). Fue en el año 2020 cuando publicó con la editorial Talento-Caligrama el primer libro de su colección *De la Tierra a la Luna, ida y vuelta en motocicleta. América del Sur. Ruta Azul 1,* la cual acabaría constando de 20 libros.

Allí se encuentran relatos apasionados, realistas, vitales y soñadores. Es un libro que te lleva a viajar por los confines del mundo, donde el autor se implica con cada persona, pero sin interferir en sus costumbres o modos de vida. En definitiva, sin valorar sus estilos, tradiciones, ideales, éxitos o miserias. A lo largo de sus páginas los lectores rodarán, sufrirán y gozarán de muchas de las regiones más remotas del planeta, de los más íntimos sentimientos del autor, y de sus emociones, alegrías y penas.

Se trata de un libro que engancha desde el principio, pues, sin necesidad de ritmos trepidantes ni golpes de efecto, el lector enseguida se imagina sentado en la Princesa Negra ayudando a Emilio a salir del barrizal y avanzar unos metros. Un auténtico libro de viajes con paisajes, personajes y situaciones que solo pueden suceder cuando se viaja sin reloj, con el alma abierta y ansias de conocer. Sin duda, son libros de referencia en la literatura de viajes.

CINTA AMERICANA

LIBRO

PUBLICACIÓN: 2014

EDITORIAL: Trébol Editions

AUTOR: Dennis Noyes

DESTACA: Anécdotas de una vida apasionante entre motos y carreras

Dennis Noyes, expiloto de carreras, referente del periodismo de la motocicleta en España y uno de los comentaristas del mundial de velocidad más valorados, recoge en este libro múltiples historias de diferentes épocas mezcladas con sus experiencias personales.Al leer este libro, rodarás por los óvalos norteamericanos de Dirt Track o entre las balas de paja de la avenida de la Reforma, en Ciudad de Guatemala. En sus páginas descubrirás sensaciones y pensamientos de grandes ídolos como Rossi o Márquez, quienes comparten carreras y emociones con otros pilotos legendarios y con algunos de los singulares personajes que pasaron por la vida del autor.

Cinta americana es una recopilación ampliada de las columnas de opinión (cintas) que Dennis escribió con gran éxito durante años en la revista *Solo Moto*. El autor, que actualmente vive en Borrego (California, Estados Unidos), lejos de los circuitos, sigue con pasión cada carrera por los medios y tiene una relación especial con España. Se enamoró del motociclismo viendo una carrera en Montjuic (Barcelona), y quedó tan prendado de este deporte que empezó a competir con tantas ganas que logró subirse al podio en el Campeonato de España de Resistencia. Además, se lanzó a escribir para las revistas *Motociclismo y Solo Moto*. Encadenaba un texto con otro con total facilidad, aunque, según sus propias palabras, siempre escribía con el diccionario a mano, pues el castellano no era su idioma materno.

Cinta americana es un libro imprescindible para los que quieran conocer el alma y los interiores de las carreras, y a los pilotos de competición de una de las épocas más floridas del motociclismo deportivo. Otros títulos de Dennis guardan relación con su hijo, Kenny Noyes. *Moto hazañas* es una recopilación de ambos autores repleta de anécdotas motociclistas de sus épocas de probadores de motos y pilotos de carreras. El libro *Desafíos de Superbike, Moto 2 y Glasgow 3* es una autobiografía de Kenny Noyes, escrita por el piloto, tras superar un coma profundo, con el objetivo de ayudar a personas con lesión cerebral.

Todas las fotografías son propiedad del autor salvo: Pág 10: Fiskness/Dreamstime. Pág 11: Alptraum/Dreamstime. Pág 13: William Krumpelman/iStock. Pág 14: Marcel Barrilero. Pág 15: Miguel Ángel Fernández. Pág 22: Mauro Rodrigues/Dreamstime. Pág 25: AMA/ Shutterstock. Pág 30-33: Mariano Parellada (5). Pág 37: Miguel Ángel Fernández. Pág 38: Aljndr/iStock. Pág 40-41: Luis Fernández (2). Pág 42: Diego Grandi/Shutterstock. Pág 46-49: Javier Berna (4). Pág 52: TinoFotografie/Shutterstock. Pág 59: José Carlos García. Pág 60: Dennis MacDonald/Shutterstock. Pág 62: felixmizioznikov/iStock. Pág 63: felix-mizioznikov/iStock. Pág 64-67: Ana van der Sluis (4). Pág 78: livcool/Shutterstock. Pág 80: livcool/Shutterstock. Pág 81: livcool/Shutterstock (izq.). Pág 82: livcool/Shutters-tock (inf.-dcha.). Pág 83: livcool/Shutterstock. Pág 86: Marcel Barrilero (izq.). Pág 88-91: Jordi Esteve (4). Pág 92: JoshBryan/Shutterstock (img. Moto Guzzi), Emilio Zamora (img. Ducati). Pág 93: Adriano Castelli/Shutterstock (img. Vespa). Pág 98-99: miroslav_1/iS-tock. Pág 100: Allan Clegg/Dreamstime (dcha.). Pág 101: Allan Clegg/Shutterstock. Pág 112: Annelise Posberg. Pág 125: Chelo Cañizares (dcha.). Pág 132-133: Francisco Marín. Pág 140: Gherzak/Shutterstock. Pág 142: Aljndr/Shutterstock. Pág 143: Juani Fernán-dez. Pág 147: Juan Pedro de la Torre (5). Pág 149: Michael Stokes/Shutterstock (sup.), Steve Travelguide/Shutterstock (inf.-dcha.). Pág 151: OkFoto/Shutterstock (sup.), Rainer Herhaus/Shutterstock (cen.), Danciaba/Dreamstime (inf.-izq.). Pág 157: Dario Dominin/ Shutterstock (sup.-izq.), Massimocampanari/Shutterstock (sup.-dcha.). Pág 159: Nikita Labai/Dreamstime (inf.-dcha.). Pág 161: Juan Pedro de la Torre(3), Danciaba/Dream-stime (inf.). Pág 163: KH7 (sup.-dcha.), Javier Sanchez Perez/Dreamstime (inf.-dcha.). Pág 164-165: Repsol Media (4). Pág 167: Ducati Media Sport (sup.-izq.), Repsol Media (2). Pág 168-169: Ducati Media Sport. Pág 171: Martin Silva Cosentino/Dreamstime. Pág 172-173: Ritu Jethani/Dreamstime. Pág 174: Ritu Jethan/Dreamstime (sup.), Ritu Manoj Jethani/Shutterstock (cen.). Pág 176-177: Wozzie/Shutterstock. Pág 183: travelview/ iStock (sup.), Styve Reineck/Shutterstock (cen.). Pág 184: Styve Reineck/Shutterstock (2). Pág 185: Goran Vrhovac/Shutterstock. Pág 186-189: Museu Moto Bessalla. Pág 191: bodiaphvideo/Shutterstock (cen.). Pág 192: bodiaphvideo/Shutterstock. Pág 195: Martin Silva Cosentino/Dreamstime (sup. y cen.). Pág 196: Vasilika/Shutterstock (img. BMW). Pág 199: Alkim SARAC/Shutterstock. Pág 206: Antonio Veciana (sup.), Dani Jaz-mi/Shutterstock (inf.). Pág 210-211: Joan Carles Orengo (5). Pág 212: sylv1rob1/Shutters-tock (sup.), Gianlucacolagrossi/iStock (inf.). Pág 213: Víctor Gancedo (sup.-dcha.). Pág 214-215: BMW Motorrad archive (3). Pág 218: Sue Thatcher/iStock. Pág 219: JoshBryan/ Shutterstock. Pág 223: Juan Soto. Pág 226-227: Circuito de Jerez. Ángel Nieto. Pág 231: José Ramón Ricart. Pág 233: Daytona Racetrack(3). Pág 237: olrat/iStock (sup.). Pág 239: sportpoint/iStock (sup.), masci91/iStock (cen.). Pág 241: Taoty069/Dreamstime (sup.), Filippo Carlot/Dreamstime (inf.). Pág 243: Isaac Feliú.